百合病虫害图鉴
与防控手册

主　编◎宁国贵　何燕红
副主编◎孙红梅　张艺萍　赵　景

长江出版传媒 湖北科学技术出版社

图书在版编目（CIP）数据

百合病虫害图鉴与防控手册 / 宁国贵，何燕红主编 . —武汉：湖北科学技术出版社，2024.1

ISBN 978-7-5706-2636-6

Ⅰ . ①百… Ⅱ . ①宁… ②何… Ⅲ . ①百合－病虫害防治 Ⅳ . ① S436.8

中国国家版本馆 CIP 数据核字（2023）第 226396 号

百合病虫害图鉴与防控手册
BAIHE BINGCHONGHAI TUJIAN YU FANGKONG SHOUCE

责任编辑：胡　婷

责任校对：王　璐　　　　　　　　　　　　　　　封面设计：曾雅明

出版发行：湖北科学技术出版社

地　　址：武汉市雄楚大街 268 号（湖北出版文化城 B 座 13—14 层）

电　　话：027-87679468　　　　　　　　　　邮　　编：430070

印　　刷：武汉旭诚彩印包装有限公司　　　　　邮　　编：430024

710×1000　　　　1/16　　　　　　　　8.25 印张　　　　130 千字

2024 年 1 月第 1 版　　　　　　　　　　　2024 年 1 月第 1 次印刷

定　价：42.00 元

编委会

主　编：宁国贵　何燕红

副主编：孙红梅　张艺萍　赵　景

编　委（按照姓氏笔画排序）：

万　斌　四川省农业科学院

宁国贵　华中农业大学

孙红梅　沈阳农业大学

杨胜男　荆门（中国农谷）农业科学研究院

吴学尉　云南大学

何燕红　华中农业大学

宋云泽　华中农业大学

张艺萍　云南省农业科学院花卉研究所

张莉雪　华中农业大学

张紫薇　华中农业大学

陈小林　华中农业大学

周家华　荆门（中国农谷）农业科学研究院

郑　静　华中农业大学

宗欣语　华中农业大学

赵　景　华中农业大学

柏　淼　元述园艺工作室

徐雷锋　中国农业科学院蔬菜花卉研究所

高　雪　北京林业大学

唐　楠　青海大学

黄联平　湖北春之染农业科技有限公司

滕年军　南京农业大学

前　言

　　百合花朵硕大、花色艳丽、花姿百态、芳香怡人，既是世界著名花卉，也是中国传统名花，被誉为"球根花卉之王"，具有重要的观赏价值。同时，有些百合还可食用和药用，具有润肺止咳、明目去火等功效。

　　百合病虫害已成为制约百合产业健康发展的重要因子，病虫害的发生常导致百合减产和品质降低。为提高生产者对百合病虫害的有效辨识，了解当前有效的百合病虫害防控措施，编者调查了我国花卉主产区百合生长过程和采后贮藏中病虫害的发生和防控情况。在此基础上，组织了国内主要从事百合研究的专家和学者，根据近年来收集的大量百合病虫害图片以及调研中明确的防控手段，编写成册，便于广大百合生产者查阅和参考。该书的出版获得了国家大宗蔬菜产业技术体系的支持。由于编者水平有限，不足之处，欢迎批评指正。

宁国贵

2023 年 8 月 23 日于狮子山

目录

第一章

百合基本特征
和栽培技巧

DI-YI ZHANG

BAIHE JIBEN TEZHENG

HE ZAIPEI JIQIAO

一、何为百合？

百合（*Lilium* spp.）是百合科（Liliaceae）百合属多年生草本植物，别名番韭、强瞿、百合蒜、山丹、倒仙、重迈、中庭、摩罗、重箱、中逢花、大师傅蒜、蒜脑薯、夜合花等。因其鳞茎状如白莲花，由数十枚到上百枚鳞片相互抱合而成，故名百合。百合花朵硕大、花色艳丽、花姿百态、芳香怡人，既是世界著名花卉，也是中国传统名花，被誉为"球根花卉之王"，在世界花卉市场中占有十分重要的地位。同时，有些百合还可食用和药用，具有润肺止咳、明目去火等功效。此外，在中国传统文化中，百合自古便拥有"云裳仙子"的美称和"百年好合""百事合意"的美好寓意，因此深受我国人民喜爱。

麝香百合杂种系'白天堂'

百合原种宝兴百合

LA系百合'布林迪西'

亚洲百合杂种系'斑马线'

二、百合的形态特征

百合植株由地下部分和地上部分组成，植株高度差异很大，其中盆栽百合一般高 30 ~ 50 cm，切花百合和食用百合的高度一般为 70 ~ 120 cm，而有些野生百合和庭院百合栽培品种的高度可超过 2 m。植株地下部具鳞茎、子鳞茎、基生根、茎生根；地上部具茎、叶和花序。有些种地上茎叶腋处着生珠芽（类似小鳞茎）。百合鳞茎由数十枚到上百枚鳞片组成，球形、扁球形、长卵形或圆锥形，有白色、黄色、橙红色、紫红色等，鳞茎大小与百合种类和花蕾数目有关。鳞片多为披针形或椭圆形，自内向外鳞片由小变大，在茎轴上为紧密覆瓦状重叠排列。大多数百合的小鳞茎着生于茎根簇附近或地下茎先端。

百合根由基生根和茎生根组成。基生根肉质，多达几十条，健壮、有分杈；茎生根纤维状，多达 200 条左右，分布在土壤表层，有些种形成部分匍匐状的地下茎。鳞茎芽抽生成为地上直立茎。茎直立，圆柱形，无毛，绿色，具棕色或黑色斑纹，部分种具小乳头状突起或绵毛。

叶片多为螺旋状散生排列，少有轮生叶。50 ~ 150 枚叶片，披针形、椭圆形或条形，先端渐尖；叶色浓绿，具光泽；质地柔软；无叶柄或具短柄；全缘或边缘具小乳头状突起；具 1 ~ 7 条叶脉。

花单生或总状花序，花头下垂、平伸或向上；花形有喇叭形、漏斗形、杯形、球形等；苞片叶状，较小；花色丰富，有白色、黄色、粉色、红色、橙红色、紫色，及复色等，有些具黑色、红褐色、紫红色斑点；花被片 6 枚，2 轮，部分重瓣品种花被片数量可达 36 枚以上，离生。花萼片稍窄，基部具蜜腺；雄蕊 6 枚；花柱细长，柱头膨大，3 裂；子房上位，中轴胎座。

百合果实为蒴果，近圆形或长椭圆形，3 室，含有 400 ~ 600 粒种子。种子扁平，半圆形、三角形或长方形，具膜质翅，不同种类百合种子的大小、重量不同。

三、百合的生长习性

由于绝大部分百合原产于北半球的温带和寒带地区，只有极少数种类分布在热带高海拔地区，因此大多数百合属植物耐寒性较强、耐热性差，喜冷凉气候。百合生长适温为 12 ~ 28℃，温度低于 10℃时生长缓慢，低于 5℃时会停止生长，超过 30℃则生长不良。茎生根发生的适温为 12℃左右，花芽分化期适温为 20℃左右，花芽分化后适温为 23 ~ 28℃。百合喜阳光充足的环境，但不

同生长发育阶段对光照强度的要求存在较大差异，苗期生长阶段需要适当遮阴，花芽分化及花序发育阶段则需要较强的光照。百合不耐水淹，喜排水良好、富含腐殖质的沙壤土，营养生长期需水量较多，花期需水量减少。百合喜微酸性土壤，适宜的土壤 pH 值为 5.5 ~ 6.5。

四、百合的栽培历史

百合原产于中国，在我国栽培历史悠久，最早的用途是食用和药用。对百合的记载可以追溯到秦汉时期。《神农本草经》中详细介绍了百合的药用功效："味甘平，主邪气腹胀心痛，利大小便，补中益气。生川谷。"《金匮要略·百合狐惑阴阳毒病脉证并治》中也详细讲述了百合的药用价值，指出百合具有清热、解毒、润肺等功效。南北朝时期，出现了百合观赏栽培的记载，何逊在《七夕诗》中写道"月映九微火，风吹百合香"。在唐宋时期，有关百合的记载则更多，如唐代王维在《百合》中写道"冥搜到百合，真使当重肉"。唐代段成式在《西阳杂俎》中记载："唐宪宗元和末海陵夏候已庭前生百合花，大于拳数倍"。宋代杨万里在《山丹花》中写道"春去无芳可得寻，山丹最晚出云林"。宋代陆游在《窗前作小土山蓺兰及玉簪最后得香百合并种之》中写道"更乞两丛香百合，老翁七十尚童心"。明代王象晋的《群芳谱》汇集了历代的百合资料和诗词歌赋，当时生产上栽培的百合大约有 6 种，即野百合（*L. brownii*）、渥丹（*L. concolor*）、细叶百合（*L. pumilum*）、卷丹百合（*L. lancifolium*）、条叶百合（*L. callosum*）和大花卷丹（*L. leichtlinii*）。在清代陈淏子著《花镜》中，记载了天香百合（*L. auratum*）和麝香百合（*L. longiflorum*）的庭院栽培技术。1765年，中国开始建立卷丹百合、兰州百合（*L. davidii* var. *unicolor*）和川百合（*L. davidii*）的栽培区，主要用于生产食用和药用百合。

18 世纪后，中国原产的百合也相继传入欧洲，并逐渐成为欧洲庭院中一类重要的花卉。19 世纪后期，由于百合病毒的蔓延，欧洲百合濒临灭绝。到 20 世纪初，原产中国的王百合（*L. regale*）传入欧洲，被用于杂交育种的亲本，育成许多抗性强的新品种，使欧洲百合产业得以重放异彩。第二次世界大战后，欧美各国掀起了百合育种的新高潮，原产中国的许多种都成了重要的育种亲本，育出许多品质优异的新品种，其中荷兰在百合育种领域长期处于世界领先地位。

20世纪70年代开始，中国也展开百合育种研究工作，经过几十年努力，培育了一批具有自主知识产权的百合新品种。根据英国皇家园艺学会（The Royal Horticultural Society，RHS）公布的数据显示，目前全世界百合品种约有2万个。

LA系百合'帕恰诺'

五、百合的分类

1. 遗传衍生关系分类

20世纪以来，人工育成的百合栽培品种日益增多。1982年，英国皇家园艺学会和北美百合学会（North American Lily Society，NALS）把百合的各个栽培品种和其原始亲缘种与杂种的遗传衍生关系分为9类。

（1）亚洲百合杂种系（Asiatic Hybrids），主要亲本有朝鲜百合（*L. amabile*）、鳞茎百合（*L. bulbiferum*）、大花卷丹、细叶百合、毛百合（*L. dauricum*）、渥丹、卷丹百合、川百合、垂花百合（*L. cernuum*）。其特点是种球较小，耐贮藏，植株不耐高温，花苞较多，花色丰富，无香味，生长对光的需求较大，亲本多耐寒性较强。花形姿态分为3类：①花朵向上开放；②花朵向外开放；③花朵下垂，花瓣外卷。

亚洲百合杂种系'甜蜜俘虏'

亚洲百合杂种系'美梦'

（2）东方百合杂种系（Oriental Hybrids），由湖北百合（*L. henryi*）杂交育种的各种类型及天香百合、鹿子百合（*L. speciosum*）、日本百合（*L. japonicum*）等杂交而成。花朵巨大、碗形，花色以红色、粉红色、白色为主，有浓郁香气。根据花形姿态可分为4组：①喇叭花形；②碗花形；③平花形；④外弯花瓣花形。

东方百合杂种系'西伯利亚'

（3）麝香百合杂种系（Longiflorum Hybrids），也叫铁炮百合，由麝香百合、台湾百合（*L. formosanum*）等杂交产生。其特点是花香清新，花朵白色喇叭形。

（4）欧洲（星叶）百合杂种系（Martagon Hybrids），由星叶百合（*L. martagon*）和汉森百合（*L. hansonii*）等杂交而成。其特点是花朵较小、下垂，花瓣外翻。

（5）纯白百合杂种系（Candidum Hybrids），亲本为原产于欧洲地区的白花百合（*L. candidum*）等（不包括星叶百合）。其特点是花朵喇叭形下垂，有香气。

（6）美洲百合杂种系（American Hybrids），亲本为生长在北美地区的豹斑百合（*L. pardalinum*）和帕里百合（*L. parryi*）等。其特点是花朵下垂，花瓣反卷，花序上的花朵呈金字塔形排列。

（7）喇叭形杂种和奥瑞莲杂种系（Trumpet and Aurelian Hybrids），由通江百合（*L. sargentiae*）、宜昌百合（*L. leucanthum*）、湖北百合、王百合等杂交而来。其特点是花朵为喇叭形，花头向外或稍下垂，香气浓郁。

（8）百合原种（Lily species），包括原始种和变种。全世界百合属原种植物约有115个种，主要分布在北半球的温带和寒带地区，少数种类分布在热带高海拔地区。中国是百合属植物分布最多的国家，也是百合起源的中心。据调查，中国约有55个种、18个变种，在我国27个省区都有不同种百合属植物分布，但不同省区分布状况有所不同，以四川省西部、云南省西北部和西藏自治区东南部分布种类最多，约36个种；其次为陕西省南部、甘肃省南部、湖北省西部和河南省西部，约有13个种；再次是吉林省、辽宁省、黑龙江省的南部地区，约有8个种；除海南省没有野生百合分布，以及中国西部寒冷干旱的青海省和新疆维吾尔自治区仅有2个种和1个变种，其他省、自治区、直辖市均有3～5个种分布。日本特有百合种9个，与中国、俄罗斯共有种6个，合计15种。韩国特有百合种3个，共有种8个、变种1个。亚洲其他国家分布的百合属植物共约10种，欧洲分布的百合属植物约12种，北美分布的百合属植物约24种。

百合原种王百合

百合原种川百合

（9）其他杂种（Misellaneus Hybrids），所有上述未提及的百合类型及目前出现的一些种间杂交新品种，如LA（亚洲百合杂种系与麝香百合杂种系的杂交种）、OA（亚洲百合杂种系与东方百合杂种系的杂交种）、OT（东方百合杂种系与喇叭百合杂种系的杂交种）、TA（喇叭百合杂种系与亚洲百合杂种系的杂交种）、LO（东方百合杂种系与麝香百合杂种系的杂交种）等。

2. 用途分类

（1）观赏百合，包括切花百合、盆栽百合、庭院百合或园林百合。观赏百合一般花色艳丽，花期较长，观赏价值高，但鳞茎不能食用。切花百合是主要栽培的观赏百合种类，在全国栽培广泛，其中云南省、江苏省、辽宁省、浙江省、福建省和广东省是主产区。切花百合的生产需要在良好的设施条件下进行。目前，全球市场上主流的传统切花百合品种有开粉红色花的'索邦'

（Sorbonne）、黄色花的'木门'（Conca D'or）、白色花的'西伯利亚'（Siberia）。近年来，随着消费者需求的多样化，市场上也出现了一些新的切花百合品种，如'竞争'（Competition）、'罗宾娜'（Robina）、'薇薇安娜'（Vivianna）、'眼线'（Eyeliner），以及重瓣的'滑雪板'（Snowboard）、'伊莎贝拉'（Isabella）等。与切花百合相比，盆栽百合的花期更长，且花叶皆可观赏，适宜放在茶几、书桌上，近年来逐渐受到消费者的青睐，特别是在元旦、春节期间市场需求旺盛。庭院百合一般用于公园、庭前屋后的绿化和美化，近年来国内许多地区通过举办百合文化节来推动乡村旅游发展，加大了对庭院百合的需求。

（2）食用百合，如兰州百合、卷丹百合、龙牙百合（*L. brownie var. viridulum*）、川百合等。我国是食用百合主要栽培国家，在全国20多个省、自治区、直辖市均有栽培，其中兰州百合主要在甘肃省、青海省、宁夏回族自治区栽培，卷丹百合主要在江苏省、湖南省、安徽省栽培，龙牙百合主要在江西省、湖南省栽培，川百合主要在四川省、重庆市栽培。食用百合花色较单一、花期较短、观赏价值较低，但具有较高的食用和药用价值。食用百合主要食用部位是鳞茎。鳞茎富含黄酮类、酚类、生物碱、皂苷等多种活性物质，具有润肺止咳、明目去火、抗氧化等多种功效。鳞茎一般不适宜鲜食，可以清炒、清蒸、熬粥等，同时还可加工成百合干、百合粉、百合酒、百合护肤品等。

卷丹百合（种球）　　　　　卷丹百合（花朵）

（3）功能性百合，又称赏食兼用型百合，同时具有观赏、食用、茶用等多种功能。功能性百合是近年来国内有关科研单位自主培育的一种新型百合种类，如南京农业大学百合科研团队育成了一批"飞翔"系列的功能性百合新品种。功能性百合花色艳丽、花期较长，具有较高的观赏价值，可以像食用百合一样在露地作为花海大面积种植，也可以像切花百合一样在温室中作为切花栽培。同时，功能性百合鳞茎可鲜食、熟食，也可像食用百合一样深加工成各种产品。此外，功能性百合的花也可以食用、茶用。因此，功能性百合具有较好的市场应用前景，未来有望取代一部分观赏百合和食用百合。

六、百合的繁殖方法

百合的繁殖方法较多，以自然分球繁殖（分生繁殖）最为常用，也可采用珠芽繁殖、鳞片扦插繁殖、组织培养繁殖和种子繁殖。

1. 分生繁殖

百合分生的子鳞茎和小鳞茎是主要的分球繁殖材料。母球在生长过程中，于茎轴旁不断形成新的鳞茎并逐渐膨大与母球自然分离。分球率低的如麝香百合，籽球大，可较早达到开花龄。分球力强的如卷丹百合，籽球较小，需 2 年以上方能开花。麝香百合、鹿子百合等能形成多数小鳞茎，将茎轴旁形成的小鳞茎与母鳞茎分离，选择冷凉或海拔 800 m 以上的地区，于 10 月中旬至 11 月上旬播种，适当深栽，翌年追施肥水，10—11 月可收获种球。分球繁殖受限于子鳞茎的数目，繁殖量小，可分为 1 ~ 3 个或数个小球（因品种而异）。百合地上部的叶腋处及埋于土中的茎节处均可产生小鳞茎，即"珠芽"和"木子"，同样可将其分离，作为繁殖材料另行栽植。适当深栽鳞茎或在开花前后摘除花蕾，有助于多发小鳞茎。

2. 珠芽繁殖

卷丹百合、鳞茎百合、淡黄花百合（*L. sulphureum*）、通江百合及少数商品百合品种可于地上茎的叶腋处形成大量小鳞茎，又称"珠芽"。珠芽可用于繁殖。夏天可收集成熟且尚未脱落的百合珠芽，使用湿润的细沙包裹后，置于阴凉环境中暂存，秋凉时播种。播种入土深度为 3 ~ 4 cm，播后覆一层细土，盖上草垫促其越冬。珠芽经 2 ~ 3 年生长后，可形成商品种球。珠芽繁殖，可促使百合复壮，但受限于植物自身属性，仅适用于少数种类。

珠芽

3. 鳞片扦插繁殖

对不易形成小鳞茎和珠芽的百合，常使用鳞片扦插法繁殖。秋季挖出成熟大鳞茎，逐个掰下健壮厚实的鳞片，稍阴干后，斜插于沙土或蛭石等疏松基质中，插入深度为自身长度的 2/3。保持基质湿润，温度 20℃，45 天左右自鳞片基部伤口处可生出小鳞茎。鳞片再生的小鳞茎一般经移栽、培育 3 年后可成商品种球。鳞片扦插繁殖时母球外层鳞片形成小鳞茎的能力较强，常用作扦插材料，余下鳞茎仍可作切花栽培。一般每个母球可剥取 20 ～ 30 片鳞片，育成 50 ～ 60 个籽球。

4. 组织培养繁殖

百合长期无性繁殖易引起病毒感染和积累，影响产量和品质。利用组织培养繁殖技术，不仅可以解决百合传统繁殖中的脱毒及退化问题，也为百合商业化生产提供了一条快速稳定的繁殖途径。百合的鳞片、鳞茎盘、小鳞茎、珠芽、茎、叶、花柱等组织均可作外植体，在植物生长调节剂的诱导作用下分化成苗。不同的百合品种、不同组织部位的外植体分化小鳞茎的能力有很大差异。研究表明将鳞片的中、下部作为外植体，生长较快，形成的鳞茎体积大，常用作百合快速繁殖的材料。组织培养依离体植株再生途径可分为器官发生和体细胞胚发生两种方式。普遍认为 MS 培养基较适于各种百合离体培养。培养基中附加的植物激素的种类和浓度是决定外植体分化途径的关键因素。鳞片外植体在生长素类激素 NAA 与细胞分裂素类激素 6-BA 的共同作用下，可通过器官发生途径直接诱导不定芽，并进一步培养形成完整植株。百合的体细胞胚发生途径是近年发现并深入研究的再生繁殖方式，可以利用生长素类似物 PIC、NAA 进行鳞片等外植体的诱导实现。体细胞胚再生途径具有繁殖系数高、变异率低、遗传物质稳定等优点，是很有前景的组织培养快速繁殖途径。

5. 种子繁殖

除上述多种无性繁殖方式外，百合也可以采用有性繁殖即种子繁殖。百合多数种的自花结实率高，但长期无性繁殖的后代有自交不亲和现象，通常可采用异花授粉来提高结实率。麝香百合、王百合、川百合等子叶出土者常采用秋播，播种后 2 周发芽，翌年即可开花。毛百合、青岛百合、鹿子百合等子叶不出土者播种后发芽延迟缓，常采用春播，播种后 2 ～ 3 年开花。种子发芽适温为 15 ~ 25℃。

切花麝香百合品种新铁炮百合（*Lilium × Longiflorum*）播种繁殖可在 1 年内完成整个生长周期。种子使用 100 mg/kg 赤霉素处理 2 h 打破休眠后，播于育苗盘内，夜温 15℃、昼温 20℃条件下，24 ~ 28 天达到出苗高峰。待幼苗长至 2 ~ 3 片真叶时分苗，5 ~ 6 片真叶时移栽于露地。从播种到开花需要 7 ~ 8 个月，通常在 11 月至翌年 2 月播种，4—5 月定植，7—9 月开花。

七、百合栽植方式

1. 栽培形式

露地栽培是切花百合常用的生产方式，具有生产成本低、栽培管理简单等优点，但也存在花期不容易控制、切花质量相对较差的缺点。露地栽培常于春季和秋季进行。设施栽培也是百合常用的生产方式，虽然生产成本较高，但可周年供花。百合的生长周期为 70 ~ 130 天。寒冷地区一般采用春栽，于气温开始回升的 3—4 月进行，4—5 月出芽，5—6 月即可抽薹现蕾，6 月中旬到 7 月末是露地切花百合的盛花期。百合秋栽一般在气温明显下降的 9—10 月进行，翌年 4 月下旬至 6 月中下旬开花。秋栽的百合根系发育良好，植株生长健壮，第二年开花数目多。在长江流域，若想让百合在国庆节前后开花，须在 7 月中旬至 8 月中下旬定植。由于此时正值夏季高温，植株生长发育不良，切花品质会受到很大影响，须在降温条件好的温室中或海拔 800 m 以上的冷凉山地栽培。若欲使其在 11 月至元旦前后开花，应在 8 月下旬至 9 月上旬定植，12 月后保温或加温到 15℃以上。若要在春节前后至 4 月开花，应在 9 月下旬至 10 月中旬定植，冬季加温到 13 ~ 15℃，并进行人工补光。

露地栽培　　　　　　　　　　　　　　　　　设施内地栽

2. 种球的选择和处理

由于百合的鳞茎具有自然休眠的特性，通常只有在解除休眠后才能发芽、生长和开花。在不同气候条件下，百合各品系或品种所需解除休眠的条件不同。如兰州百合鳞茎解除休眠的最佳处理是在 2℃下贮藏 101 天；龙牙百合鳞茎在 2 ~ 5℃下贮藏 90 天可顺利解除休眠；东方百合鳞茎在 5℃下冷藏 7 周是解除休眠的合适处理；亚洲百合在 0 ~ 10℃低温下处理 4 ~ 8 周，成花率、切花质量等均为最好。此外，不同产地的种球，休眠程度不同。冷凉地区生产的种球休眠较浅，而温暖地区生产的种球休眠较深。解除休眠的百合种球，如生长环境条件适宜，可在任何时间种植，达到调节花期的目的。

3. 种球定植

定植前，需对百合种球进行消毒、风干处理，以保证种球安全出苗。百合属浅根性植物，但定植宜稍深。定植过浅，鳞茎易分瓣；定植过深，出苗迟，且生长细弱，缺棵率较高。一般种球顶端距土面距离为 8 ~ 15 cm，约为种球直径的 2 倍。定植时，种球底部朝下，垂直栽入，1 穴 1 个，覆土后稍加按实。定植密度随种系和栽培品种、种球大小等不同而异，一般株、行距以 15 cm × 15 cm 为宜。百合基生根可存活 2 年，一般不必每年起球，尤其是园林栽种，可 3 ~ 5 年起球一次。

八、百合的土、肥、水管理

1. 土壤准备

百合对土壤的适应性较强，但对土壤盐分敏感，以土层深厚、疏松肥沃、排水良好的土壤为好。亚洲百合杂种系和麝香百合杂种系要求土壤 pH 值为 6.0 ~ 7.0，东方百合杂种系要求土壤 pH 值为 5.5 ~ 6.5。百合忌连作，最好选用种植过豆科、禾本科的土地，可减少立枯病菌源。种植前需深翻土壤，施足基肥并进行土壤消毒。可用呋喃丹和 70% 的甲基托布津 500 ~ 600 倍液进行土壤消毒、杀虫。整地后，东西向做高畦或栽培床。为防植株倒伏，可张网支撑。温室内所用基质也可采用药剂熏蒸、太阳下暴晒等措施。盆栽百合要求基质营养丰富，具有良好的透气性、较高的持水量，无杂菌，低盐分。

2. 施肥管理

基肥以充分腐熟的有机肥为主，适量添加化肥，氮、磷、钾的比例应为5:10:10。追肥一般施以化肥为主。种球定植后 3 ~ 4 周开始追肥，生长期间视情况可追施 1 ~ 2 次，直至采收前 3 周。生长前期主要为营养生长阶段，应施用尿素、硝酸铵等氮肥为主，以促进植株的茎叶生长。生长过程中可配合叶面施肥，叶面肥为螯合铁 1000 倍液或绿得快 600 倍液，5 天喷施 1 次，共需 3 次。在现蕾和开花期间，施 1 ~ 2 次磷、钾肥为主的复合肥，一般为浓度0.2% ~ 0.3% 的磷酸二氢钾，以促使花大色艳，花茎粗壮，以及预防落蕾。剪花后，在离茎基稍远处，追施 1 ~ 2 次富含磷、钾的速效肥，以促进鳞茎增大充实。

3. 水分管理

灌水原则是少量多次、见干见湿，严禁过干过湿。黏土的灌水次数宜少，沙土的灌水次数要多。水质要求洁净，pH 值 5.5 ~ 6.5，EC 低于 0.7 mS/cm。灌溉方式可根据当地条件选择漫灌、喷灌和滴灌等形式。现代切花百合栽培常将喷灌和滴灌结合使用。

百合种球定植后，立即浇 1 次透水，使种球与基质充分接触，以保证百合嫩芽出土。茎生根发育良好后，植株长势加快，此时需要较多的水分。百合地上茎出土后，茎生根迅速生长可为植株提供大量水分和养分。孕蕾时土壤应适当湿润，花后水分减少。上冻前灌 1 次冻水。夏季高温，蒸发量大，灌水次数较多，应在早晚灌水，此时水温与土温相差较小，不致影响根系活动。秋季和春季需水量小，应尽量少浇水。在百合整个生育期，保持空气的相对湿度为65% ~ 85%，通风时要避免相对湿度剧烈变化，以免百合烧叶。

九、百合采后处理

1. 百合种球采后

百合种球具有休眠特性，采收后要经过一定时间的低温保湿贮藏才能打破休眠。百合生长季地上部分植株枯黄落叶后即可采挖。可以采用百合专用采球工具或人工采挖，避免挖烂种球。采挖后尽快放入阴凉处。采用流水冲洗，洗干净鳞茎基盘和鳞片间的土壤，晾干。根据种球的周径大小，进行机器筛选或

人工筛选分级。以带网格的塑料箱为容器，采用透气的带孔聚乙烯膜袋子一层基质一层百合鳞茎包埋贮藏，包埋基质可以采用泥炭等，湿度控制为60%。包埋处理后的种球应放置于冷库贮藏。长期贮藏（3个月以上）冷库温度须控制在 −1.5 ~ −1℃，短期贮藏（3个月以内）冷库温度须控制在 3 ~ 4℃。为了防止贮藏期间感染青霉病、软腐病和基腐病，可以在清水之后用50% 多菌灵可湿性粉剂 800 倍液、75% 百菌清可湿性粉剂 1000 倍液或32% 精甲·噁霉灵 1500 ~ 2000 倍液将种球浸泡 15 min，晾干后再贮藏。

2. 百合切花采后

百合花苞开始显色时即开始采收，尽量在上午或傍晚采收，避免高温或者阳光暴晒导致花苞瞬间失水。采收时，距离植株根茎部位 5 ~ 10 cm 处45° 斜剪百合茎秆。采后立即将百合切花放入装有 10 ~ 15 cm 深清水的桶中，然后在室内 10 ~ 15 ℃的环境下，将切花按不同花枝长度与花蕾数量进行分级。去除百合基部 20 ~ 25 cm 高以下的叶片，将同品种、同花蕾数、同等级的百合用橡皮筋捆扎，然后套花枝包装袋。将包装好的百合放入装有 10 ~ 15 cm 深的含百合专用预处理液的容器中，于 2 ± 0.5 ℃冷藏室中预处理 12 ~ 24 h。预处理之后将冷库的温度保持在 1 ± 0.5 ℃，空气相对湿度60 % ~ 70 %，可贮藏 3 ~ 4 周。长期贮藏时应 5 ~ 7 天检查一次，及时处理损坏、发霉或感病花枝。短期贮藏可以将冷库温度设置为 4℃。

第二章

百合常见病害及其防治

DI-ER ZHANG

BAIHE CHANGJIAN BINGHAI
JI QI FANGZHI

第一节 百合病毒病

百合易感病毒，常因病毒侵染导致种性退化、观赏性丧失，给生产者造成巨大损失。至今已报道感染百合的病毒有 20 余种，其中黄瓜花叶病毒（*Cucumber mosaic virus*，CMV）、百合斑驳病毒（*Lily mottle virus*，LMoV）、百合无症病毒（*Lily symptomless virus*，LSV）和车前草花叶病毒（*Plantago asiatica mosaic virus*，PlAMV）是危害百合最主要的病毒，常复合侵染百合。

一、主要百合病毒病

（一）黄瓜花叶病毒病

1.病原特征

CMV 属于雀麦花叶病毒科（Bromoviridae）黄瓜花叶病毒属（*Cucumovirus*）。其病毒粒子为等轴对称的二十面体，无包膜，三个组分的粒子大小一致，直径约为 29 nm。

2.症状识别

CMV 可以侵染茄科、十字花科、豆科及葫芦科等 1000 多种重要经济作物，也是危害百合的主要病毒之一。轻度感染 CMV 的百合植株会出现花叶或斑叶现象，叶、花和茎扭曲，病叶最后脱水变褐。重症株矮化，鳞片短，不能开花；轻症株虽能开花，但会出现花朵畸形或花瓣开裂、具纵条或长片状斑块等现象。

感染 CMV 的百合植株

（二）百合斑驳病毒病

1.病原特征

LMoV 属于马铃薯 Y 病毒科（Potyviridae）马铃薯 Y 病毒属（*Potyvirus*）。其病毒粒子是一种弯曲的、无包膜的杆状颗粒，长度为 680 ~ 900 nm，宽度为 11 ~ 15 nm。

2. 症状识别

百合斑驳病可由蚜虫或摩擦接种传播感染百合植株，在百合生产栽培中极为常见。百合斑驳病主要表现为叶片产生斑驳状条纹，后期发展为叶片、花朵卷曲畸形，花朵与球茎的产量降低，花色斑驳，植株矮小，严重影响百合的观赏价值和经济价值。

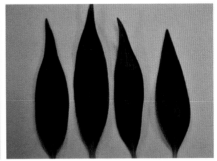

百合'西伯利亚'叶片感染 LMoV 的症状

百合花部感染 LMoV 的症状

（三）百合无症病毒病

1. 病原特征

LSV 属于乙型线形病毒科（Betaflexiviridae）的香石竹潜隐病毒属（*Carlavirus*）。其病毒粒子是一种丝状颗粒，宽度为 17 ~ 18 nm，长度约 640 nm。

2. 症状识别

单独侵染时一般无明显症状，在一定条件下某些百合品系叶片会出现扭曲、皱曲条纹、斑晕等症状，与其他病毒复合侵染时可出现坏死斑病、条纹斑驳痕、褐斑等。

（四）车前草花叶病毒病

1.病原特征

PlAMV 属于甲型线状病毒科（Alphaflexiviridae）马铃薯 X 病毒属（*Potexvirus*）。PlAMV 病毒粒线状，稍弯曲，长 490 ~ 530 nm、宽 10 ~ 15 nm。

2.症状识别

PlAMV 首先在车前草上分离，逐渐成为一种危害百合生产的主要病害。百合感染 PlAMV 后，叶脉呈锈色，花蕾干枯死亡，发病后期坏死严重，导致大面积切花丧失商业价值。

感染 PlAMV 的百合植株

（五）复合感染

田间生长的百合，易感染的病毒主要是 LSV、CMV 和 LMoV，这三种病毒往往表现为其中两种或三种共同侵染百合。LSV 单独感染时常无症状或叶片上出现轻度斑晕和条纹，与 CMV 复合感染时产生坏死斑点，与郁金香碎色病毒（TBV）复合感染时产生褐色坏死斑或条斑。百合病毒病还常与真菌性病害混合发生，尤其是百合灰霉病，以菌核在土壤中越冬，来年菌核萌发，再次侵染百合，使百合的抗病性减弱，致使病毒病的发生更加严重。

百合'西伯利亚'叶片复合感染 LSV、PlAMV 和 LMoV 的症状
（左：叶正面；右：叶背面）

二、百合病毒病的防治

百合病毒病的防治须遵循"预防为主，综合防治"的方针，主要有以下措施：①选用抗病毒的品种，如喇叭形百合杂种系和 OT 百合杂种系等；②使用无病毒的健康百合种球进行种植；③发现感染病毒病的植株立刻处理掉，以免传染健康植株；④通过使用防虫网等物理方法以及使用矿物油和拟除虫菊酯等农药防治昆虫，来减少昆虫传播病毒；⑤杂草，特别是多年生杂草，多是毒源植物，控制种植区的杂草，可以有效防止昆虫将病毒从感染病毒的杂草上传播给百合。

第二节　百合枯萎病

一、致病菌

百合枯萎病的主要病原真菌是尖孢镰刀菌百合专化型（*Fusarium oxysporum* f. sp. *lilii*），另外还有茄腐皮镰刀菌（*Fusarium solani*）、串珠镰刀菌（*Fusarium moniliforme*，新命名为类轮枝镰孢菌，*Fusarium verticilliodes*）、三线镰刀菌（*Fusarium tricinctum*）、烟草镰刀菌（*Fusarium tabacinum*）、禾谷镰刀菌（*Fusarium graminearum*）。

二、病原特征

尖孢镰刀菌菌丝呈绒状，色洁白且丰厚，在马铃薯蔗糖琼脂培养基（PSA）上生长 4 天的菌落直径为 3.1 cm，产孢细胞单瓶梗，且短。小型分生孢子为卵圆形，数量较多，大小为（4.2 ~ 11.1）mm×（2.5 ~ 3.4）mm。大型分生孢子为月牙形，稍弯，向两端均匀变尖，一般具 3 ~ 5 隔，多数 3 隔，大小为（12.3 ~ 37）mm ×（3 ~ 6）mm。厚垣孢子多球形，直径为 9.4 ~ 13.5 mm，间生或顶生，未见有性阶段。

三、症状识别

百合枯萎病发生时，尖孢镰刀菌从百合的根部或种球基盘的伤口侵入，使得百合的肉质根和种球基盘褐化、腐烂，并逐渐向上扩展，鳞片上的病斑呈褐色并凹陷，而后变成黄褐色并逐渐腐烂。后期鳞片从基盘散开而剥落。由感染尖孢镰刀菌百合枯萎病的种球长出的植株明显矮化。受害叶片早期呈现出"阴阳"叶，即叶子的一侧枯黄一侧鲜绿。随着发病严重最后整片叶枯黄，呈牛皮纸样。植株上的叶片由下而上黄化或变紫，有的植株还会表现出某一个朝向的叶片先感病枯黄。茎秆亦自下而上逐渐枯萎，最后整个植株枯萎而死。纵向剖开感染尖孢镰刀菌百合枯萎病植株的茎秆，其维管束已经变褐。发病严重的则茎基部缢缩、易折断。百合种球贮存及运输的过程中，该病还会持续危害，引起鳞茎腐烂。在湿度大的时候，可在发病部位看到粉红色或粉白色的霉层。

 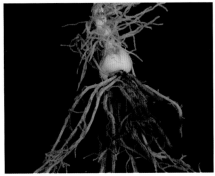

百合感染枯萎病鳞茎盘和基生根的症状

百合感染枯萎病叶片早期症状　　　　　百合感染枯萎病叶片后期症状

百合感染枯萎病叶片不同程度的
症状

卷丹百合感染枯萎病整个植株的症状
（一个朝向的叶片自下向上枯黄）

LA 系百合'心弦'感染枯萎病
整个植株的症状
（一个朝向的叶片自下向上枯黄）

卷丹百合感染枯萎病
严重症状
（叶片自下向上枯黄，左侧的整株枯死）

百合感染枯萎病茎部症状

四、发生及流行规律

百合枯萎病的病原菌尖孢镰刀菌百合专化型，主要以菌丝体、厚垣孢子、菌核在百合种球内越冬，或随着病残体在种植百合的土壤或基质中越冬，成为翌年主要的初侵染源。病菌借助土壤、水流或带病种球传播，通过侵染种球基盘、植株伤口或地下茎致病。根茎受伤，或受线虫、地下害虫等危害，或前茬地块带病、连作等易发生此病。种球贮藏期间易发生枯萎病侵染。在气候条件适合时，病原菌便开始活动，引起百合植株发病，而后扩展蔓延，导致大量百合植株枯萎死亡，采收后的百合种球还会继续发病。

五、防治方法

当前，百合枯萎病的防治主要依靠化学防治，同时结合农业防治和生物防治。

1. 选择抗病品种

不同品系百合的抗病能力有所差异，栽培中应尽量选择抗病能力较强的百合品种。LA 系列百合和亚洲百合 A 系列抗病性较强。有些 O 系列和 OT 系列的抗病性也较好，如 O 系列 '索邦'、OT 系列 '罗宾娜'。东方百合 O 系列最易受到侵染，其次是铁炮百合 L 系列。

2. 农业防治

宜选择地势平坦的地块种植百合，并注意开沟排水，避免积水。种植前对栽种土壤进行消毒灭菌处理，小面积可用 50% 多菌灵 500 倍液或 95% 敌克松 500 倍液浇淋 20 cm 深土层进行灭菌；大面积设施栽培可以采用棉隆进行土壤消毒，每平方米用量为 30 ~ 40 g。

选择健康无病种球进行种植。种植前对种球进行消毒处理，可用 50% 多菌灵可湿性粉剂 800 倍液或 75% 百菌清可湿性粉剂 1000 倍液或 32% 精甲·噁霉灵 1500 ~ 2000 倍液将种球浸泡 15 min，晾干后再种植。

种植时要合理密植。栽培及管理过程中，避免伤及根、茎基部或者叶片，防治病菌由伤口侵入。

浇水和施肥时不要将水、肥溅到叶片上，避免淋浇。适时适量灌溉，避免过湿或积水。大棚栽培的百合要注意棚内通风良好并保持叶片干燥。发现病株及时清除，并集中销毁。

3. 化学防治

预防期：常用的药剂有多菌灵、百菌清等。

发病期：推荐使用 32% 精甲·噁霉灵、40% 异菌·氟啶胺、40% 菌核净等，具体使用剂量及方法见表 2-1。

施药期间，各种药剂应交替使用，以防病菌产生抗药性。

表 2-1 百合枯萎病化学防治推荐药剂和使用方法

时期	药品名	剂型	剂量	使用方法
预防期	多菌灵	可湿性粉剂	1000 ~ 1500 倍	全株喷雾，每隔 7 ~ 14 天 1 次，连续 2 ~ 3 次
	百菌清	悬浮剂	1500 ~ 2000 倍	
发病期	40% 异菌·氟啶胺	悬浮剂	1000 ~ 1500 倍	发病初期灌根或均匀喷雾，每隔 5 ~ 7 天 1 次，连续 2 ~ 3 次
	40% 菌核净	可湿性粉剂	1000 ~ 1500 倍	
	32% 精甲·噁霉灵	水剂	1000 ~ 1500 倍	

第三节　百合灰霉病

一、致病菌

灰霉病又叫叶枯病，是由葡萄孢属菌（*Botrytis* spp.）引起的病害。常见的致病菌有灰葡萄孢（*B. cinerea*）和椭圆葡萄孢（*B. elliptica*）。

二、病原特征

葡萄孢属菌是一种死体营养型病原真菌，无性态属于半知菌亚门葡萄孢属，有性态属于富氏葡萄孢盘菌属。该菌气生菌呈丝绒毛状，初期为白色，后期转为灰色，菌丝具隔，不规则分支，分支处有缢缩。分生孢子梗为灰色，分支为不规则树状。分生孢子梗的顶端有小梗，其上着生分生孢子，形似葡萄穗。分生孢子为椭圆形，聚集在一起呈灰色。灰葡萄孢可形成菌核，形状不规则，褐色，菌核可以萌发产生分生孢子。

三、症状识别

百合灰霉病主要危害叶片和茎秆，也可以危害花和种球，且产生的症状有很多种。一般情况下植株上部叶片先发病，发病初期在叶尖和叶缘形成黄褐色水渍状病斑，气候适宜时病斑迅速扩大，出现同心轮纹，发病中、后期病斑扩大超过叶片的一半以上，病部常见 2 ～ 3 个同心轮纹。花蕾发病时初期出现褐色小斑点，随后腐烂。花发病时首先产生水渍状斑点，后转为灰褐色，严重时整朵花掉落，且产生大量灰色霉层。茎秆发病时常出现椭圆形病斑。

百合叶片感染灰霉病早期症状

百合叶片感染灰霉病后期症状

百合'红马丁'花朵感染灰霉病症状

百合'蜜尼卡'（左）和'密苏卡'（右）花朵感染灰霉病症状

四、发生及流行规律

病原菌常以菌丝体及菌核在植物残体中存活，第二年菌丝体及菌核产生的

分生孢子可作为灰霉病初侵染源，田间发病后产生的分生孢子借风、雨、空气、人为传播，通过伤口或自然孔口进行再侵染。在百合灰霉病最主要的致病菌中，灰葡萄孢的分生孢子在 8 ～ 32℃的温度下均可以萌发，最适温度是 20 ～ 24℃，菌丝在 6 ～ 30℃时均可以生长，最适生长温度为 20 ～ 24℃。灰葡萄孢分生孢子的萌发一般要求湿度大于80%。因此，高温、多雨或久雨转晴可加速病害流行，露天栽培时 6—8 月是灰霉病高发季，设施栽培时适宜的温度和较高湿度也会造成灰霉病的大流行。在长江流域，11 月至翌年 3 月进行设施反季节栽培时，易发生叶烧，叶烧后受损的叶片易感染灰霉病。

冬季叶烧后叶片上发生的灰霉病

五、防治方法

当前，百合灰霉病的防治主要依靠化学防治，同时结合农业防治和生物防治。

1. 选择抗病品种

栽培中应尽量选择抗病能力较强的百合品种，尤其是长江中下游地区春末夏初高温多雨，非常利于灰霉病的发生和传播，抗病品种的选择尤为重要。不同品系百合的抗病能力有所差异，L 系列百合最易受到侵染，其次是 A 系列、LA 系列和 OT 系列。O 系列抗病性较强，如'西伯利亚''薇薇安娜'。

2. 农业防治

百合灰霉病菌能以菌核的形式在土壤中越冬，轮作换茬可以减少初侵染源。选择健康无病种球进行种植。种植前对种球进行消毒处理，可用 50% 多菌灵可湿性粉剂 800 倍液或 75% 百菌清可湿性粉剂 1000 倍液将种球浸泡 15 min，晾干后再种植。

种植时要合理密植，保持良好的通风透光可以减少病害发生，具体的种植密度应根据不同品种以及种球大小而定。以麝香百合和亚洲百合为例，周长为 18 ～ 20 cm 的球茎，种植密度一般为 25 ～ 35 头 /m²。

防止植株机械损伤和发生叶烧。葡萄孢菌属主要从细胞、伤口或气孔入侵植物，植物组织的损伤会显著增加感染灰霉病的概率。

浇水时尽量不浇湿叶片，建议采用滴灌，保持植株干燥。

栽培期间要定期进行病害观测，及时发现及时处理，及时清除病叶、病株，并集中销毁。

3. 化学防治

预防期：常用的药剂有代森锰锌、百菌清等。

发病期：推荐使用甲基硫菌灵、多菌灵、嘧菌环胺、咯菌腈、嘧坏·咯菌腈、腐霉利及氟硅唑。此外，枯草芽孢杆菌也能有效抑制灰霉病。施药期间，各种药剂应交替使用，以防病菌产生抗药性。具体使用剂量及方法见表 2-2。

表 2-2　百合灰霉病化学防治推荐药剂和使用方法

时期	药品名	剂型	剂量	使用方法
预防期	80% 代森锰锌	可湿性粉剂	500 ～ 800 倍液	全株喷雾
	40% 百菌清	悬浮剂	750 ～ 800 倍液	
发病期	36% 甲基硫菌灵	悬浮剂	500 倍液	每隔 3 ～ 5 天喷施 1 次，连续 2 ～ 3 次
	50% 多菌灵	悬浮剂	500 ～ 800 倍液	
	50% 嘧菌环胺	水分散粒剂	700 ～ 1000 倍液	
	98% 腐霉利	水分散粒剂	2400 ～ 2800 倍液	
	95% 氟硅唑	可湿性粉剂	2000 ～ 3500 倍液	
	30% 咯菌腈	悬浮剂	1500 ～ 2000 倍液	
	62% 嘧环·咯菌腈	水分散粒剂	1000 ～ 1500 倍液	
	枯草芽孢杆菌	可湿性粉剂	每亩 40 ～ 60 g	

 第四节　百合立枯病

一、致病菌

立枯病是由丝核菌属菌（*Rhizoctonia* spp.）引起的病害。常见的致病菌为
立枯丝核菌（*R. solani*）。

二、病原特征

立枯丝核菌在马铃薯葡萄糖琼脂（PDA）培养基上培养时，菌落早期为白
色粉末状，然后逐渐变成黄褐色，形成气生菌丝体，菌丝直径 5.9 ~ 10.2 μm，
菌丝中的细胞有 3 ~ 13 个细胞核，菌丝有直角分支，在分支点附近缢缩并形成
隔膜，后期菌丝变短粗后纠结成菌核。菌核在培养基上分布稀疏，最初是白色，
然后是浅褐色或深褐色，并通常在试管壁或培养皿盖上生长。菌核肉眼可见，
在质地上没有差异、大小上差异明显。

三、症状识别

百合立枯病菌主要危害茎秆和鳞茎。受立枯病菌危害的植株在幼叶和茎秆
上形成 0.5 ~ 2 cm 长的浸水棕色病变。在土壤表面以下的茎和鳞茎上也会形成
类似的 1 ~ 3 cm 长的棕色病变。植株发芽迟缓，生长期的植株生长缓慢、矮
小，叶片稀疏、枯萎，茎秆萎蔫。

百合感染立枯病的症状

四、发生及流行规律

立枯丝核菌属土壤习居菌，一般不产生营养孢子或无性孢子，是一种兼性寄生物，在与其他土传腐生菌竞争方面表现出很大的优势。其在土壤中的存活得益于称为菌核的长寿命且营养独立的繁殖体的形成。它在土壤中的生存时间可以长达 2 ~ 3 年之久，并以菌核在土壤中或部分菌丝体及菌核在头一年感病的植株残体中越冬，作为初侵染源在第二年继续侵染。在春雨、梅雨季节，田间积水或偏施氮肥、施用生粪等情况下均有利于发病。

五、防治方法

当前，百合立枯病的防治主要依靠化学防治，同时结合农业防治和生物防治。

1. 农业防治

宜选择地势平坦的地块种植百合，并注意开沟排水，避免积水。种植前对栽种土壤进行消毒灭菌处理，可用 50% 多菌灵 500 倍液或 95% 敌克松 500 倍液浇淋 20 cm 深土层进行灭菌。

选择健康无病种球进行种植，种植前对种球进行消毒处理，可用 50% 多菌灵 800 倍液或 75% 百菌清 1000 倍液或 32% 精甲·噁霉灵 1500 ~ 2000 倍液将种球浸泡 15 min，晾干后再种植。

种植时要合理密植。栽培及管理过程中，避免伤及根、茎基部或者叶片，防治病菌由伤口侵入。

在浇水和施肥时注意不要将水、肥溅到百合的叶片上，避免淋浇。适时适量灌溉，避免过湿或积水。大棚栽培的百合要注意大棚内通风良好并保持百合叶片的干燥。

栽培期间要定期进行病害观测，及时发现及时处理，及时清除病叶、病株，并集中销毁。

2. 化学防治

预防期：常用的药剂有 38% 甲霜·福美双、80% 波尔多液、50% 异菌脲等。

发病期：推荐使用 30% 精甲·噁霉灵、40% 异菌·氟啶胺、20% 噻菌铜等，具体使用剂量及方法见表 2-3。

施药期间，各种药剂应交替使用，以防病菌产生抗药性。

表 2-3　百合立枯病化学防治推荐药剂和使用方法

时期	药品名	剂型	剂量	使用方法
预防期	38% 甲霜·福美双	可湿性粉剂	1500 ~ 2000 倍	全株喷淋，每隔 7 ~ 14 天 1 次，连续 2 ~ 3 次
	80% 波尔多液	可湿性粉剂	300 ~ 400 倍	
	50% 异菌脲	可湿性粉剂	500 ~ 1000 倍	
发病期	30% 精甲·噁霉灵	水剂	1500 ~ 2000 倍	在发病初期均匀喷淋或灌根，每隔 5 ~ 7 天 1 次，连续 1 ~ 2 次
	40% 异菌·氟啶胺	悬浮剂	1000 ~ 1500 倍	
	20% 噻菌铜	悬浮剂	500 ~ 1000 倍	

第五节　百合炭疽病

一、致病菌

百合炭疽病是由刺盘孢属（*Colletotrichum* spp.）真菌引起的病害。常见的致病菌有百合科刺盘孢（*C. liliacearum*）、百合刺盘孢（*C. lilii*）、白蜡树炭疽菌（*C. spaethianum*）。

二、病原特征

1. 百合科刺盘孢

菌落背面呈黑色放射条纹状，刚毛丰富且直，顶端尖削。分生孢子盘圆形或扁圆形；分生孢子梗基部浅褐色，向上渐淡，筒状，不分支；产孢细胞无色至淡褐色，瓶梗形，顶端圆；分生孢子镰刀形，较小弯曲，顶端尖削，基部钝，中央有1个油球，可形成白色的分生孢子团，但量少，无菌核。

2. 百合刺盘孢

菌落正背两面都有同心轮纹，初淡黄色，后淡褐色至黑褐色，菌丝灰白色，绒毛状，刚毛黑褐色，丰富且直，顶端渐细。分生孢子盘圆形或近圆形，褐色，单生；分生孢子无色，单孢，新月形，中央有1~2个油球；附着孢近圆形，淡褐色，边缘平滑。

3. 白蜡树炭疽菌

气生菌丝致密，绒毛状，扁平，白色至浅灰色，分生孢子堆浅黄色；背面中央黑色，边缘白色。分生孢子梗分支或不分支，无色或浅棕色；产孢细胞圆柱状或长安培瓶状，无色；分生孢子无色，单孢，月牙形，顶端略尖，中央有1个油球。分生孢子附着胞褐色，球形，边缘较完整；菌丝体附着胞从浅棕色至深褐色或黑色，舟状至棍棒状或不规则形，边缘完整或波浪状，菌丝体附着胞从稍膨大的菌丝一侧形成，基部直接与菌丝相连；分生孢子盘黑色并在其上着生刚毛，刚毛较少，未发现有菌核。

三、症状识别

百合炭疽病在百合生长期主要危害叶片，也可危害花、茎、鳞茎。叶片感病后，病斑为长椭圆形或不规则形，中央灰白色，稍凹陷，周围黄褐色，病健交界明显，病斑周围有淡黄色晕圈，发病严重时，病叶干枯脱落。天气潮湿时或下雨后，叶片病斑上会长出很多黑色小粒点，就是病菌的分生孢子盘。花蕾感病后，开始产生数个至数十个广卵圆形或不规则形的病斑，周缘黑褐色，中央淡黄褐色，稍下陷，后期导致组织溃坏变薄如纸。花瓣感病后产生淡红色近圆形病斑。花梗感病后呈褐色，软腐状。茎秆感病，呈软腐状，病斑长条形，中央浅褐色至灰白色，边缘深褐色，严重时多个病斑重合，茎秆枯死，后期病部布满小黑点。鳞茎感病后，初期会出现淡红色、不规则的病斑，随后病斑逐渐变为红褐色，后呈浅黑褐色，稍凹陷，最后近乎黑色，组织收缩干腐。有病的鳞茎有时看来是正常的，但未开放的芽会出现败育现象，变为黑褐色而枯萎，或在开放的幼芽组织上出现大量的不规则形褐斑。百合鳞茎亦可因炭疽病的继续危害在贮藏期造成大量腐烂。

百合'粉红马丁'叶片感染炭疽病的早期症状

百合'粉红马丁'花朵感染炭疽病的严重症状

百合'粉红马丁'叶片感染炭疽病的后期症状

卷丹百合植株感染炭疽病（白蜡树炭疽菌）的症状

白蜡树炭疽菌侵染卷丹百合的严重症状（植株整株枯萎）

百合'粉红马丁'植株感染炭疽病不同程度的症状

四、发生及流行规律

病菌主要以菌丝体、分生孢子盘在种球、被害植株组织内或随病残组织遗留在土壤中越冬。鳞茎也可带菌传播，第二年在环境条件适宜时，病部产生分生孢子，一般在 15 ~ 30℃连续 8 ~ 12h 湿度 96% 以上时孢子即可大量萌发形成附着胞侵入寄主。主要依靠气流、水流传播即通过风雨传播，引起初侵染。以分生孢子从伤口侵入健康种球为害，也可在嫩叶上直接为害。百合田间发病后，病组织上可以形成分生孢子，造成再次侵染。土质黏重含水量高的地块，百合螨多的地块，连作病残体多的地块，发病重。种球采挖时受损伤、冻害、受潮时易发此病。由于该病菌有广泛的寄主，不仅可以通过种球和病残组织越冬传病，还可以借助田间其他除葱蒜类的作物，通过风雨传播，从而导致该病害蔓延。种植密度、肥水状况、重茬情况等都将直接影响病害的流行。

五、防治方法

当前，百合炭疽病的防治主要依靠化学防治，同时结合农业防治和生物防治。

1. 农业防治

（1）选择健康无病种球进行种植，种植前对种球进行消毒处理，可用 50% 苯菌灵 500 倍液将种球浸泡 15 min，晾干后再种植。

（2）种植时要合理密植，保持良好的通风透光可以减少病害发生。

（3）种植地最好采用水旱轮作换茬模式，以防止病原菌积累。配合配方施肥、适当密植等田间管理措施，以减轻病害发生。

（4）栽培期间要定期进行病害观测，及时发现及时处理，及时清除病叶、病株，并集中销毁。

（5）种球采收以后应及时清除病残体、集中后烧毁或深埋，可以控制和减少初侵染源。

2. 化学防治

预防期：常用的药剂有多菌灵可湿性粉剂、百菌清悬浮剂等。

发病期：推荐使用 30% 唑醚·戊唑醇悬浮剂、10% 苯醚甲环唑水分散粒剂、48% 丙环唑微乳剂、25% 咪鲜胺乳油、50% 咪鲜胺锰盐可湿性粉剂、30% 苯甲·丙环唑乳油等，具体使用剂量及方法见表 2-4。

施药期间，各种药剂应交替使用，以防病菌产生抗药性。

表 2-4　百合炭疽病化学防治推荐药剂和使用方法

时期	药品名	剂型	剂量	使用方法
预防期	多菌灵	可湿性粉剂	1000 ~ 1500 倍	全株喷雾，每隔 7 ~ 14 天 1 次，连续 2 ~ 3 次
	百菌清	悬浮剂	1500 ~ 2000 倍	
发病期	30% 唑醚·戊唑醇	悬浮剂	1500 ~ 2000 倍	在发病初期均匀喷雾，每隔 5 ~ 7 天 1 次，连续 2 ~ 3 次
	10% 苯醚甲环唑	水分散粒剂	1500 ~ 2500 倍	
	48% 丙环唑	微乳剂	1000 ~ 2000 倍	发病初期开始施药，每隔 5 ~ 7 天 1 次，连续 3 次
	25% 咪鲜胺	乳油	1000 ~ 2000 倍	
	50% 咪鲜胺锰盐	可湿性粉剂	1000 ~ 2000 倍	
	30% 苯甲·丙环唑	乳油	1000 ~ 2000 倍	

第六节　百合疫病

一、致病菌

百合疫病是由疫霉属真菌（*Phytophthora* spp.）引起的一类病害。常见的致病菌有烟草疫霉（*P. nicotianae*）和恶疫霉（*P. cactorum*）。

二、病原特征

烟草疫霉：在固体平板培养基上气生菌丝旺盛，菌丝白色，无隔，粗细较均匀，部分有分支，菌落绒毛型，偶尔有圆形或不规则形的菌丝膨大体，菌丝平均宽为 5.6（3.8 ~ 7）μm。游动孢子囊圆形、卵圆形、瓶梗形，少数月牙形或葫芦形，平均长为 37（21 ~ 50）μm，平均宽为 23（15 ~ 39.8）μm，长宽比为 1.3（1.2 ~ 1.5）。孢子囊大多顶生，具有脱落性，孢囊梗很短，极少数为长柄。孢子囊具乳突，大多为 1 个，少数为 2 个，乳突大多很明显，半球形，平均厚为 3.2（2.4 ~ 5.2）μm。厚垣孢子顶生、间生或串生，大多为圆形，少数为卵圆形，平均直径为 27.6（19.3 ~ 38.7）μm。卵孢子圆球形，平均直径为 24.8（14 ~ 34.8）μm，大多满器，少数近满器，单细胞，透明。

恶疫霉：气生菌丝白色，无隔，稍微分支。孢子囊光滑，倒梨形、卵圆形或近球形，大小为（30 ~ 62）μm×（21 ~ 46）μm，顶部有乳头状突起。厚垣孢子顶生或间生，球形到卵圆形，光滑，平均直径为 19.3 ~ 38.7 μm。卵孢子球形，黄色，平均直径为 14 ~ 34.8 μm。寄生疫霉孢子梗大小为（100 ~ 300）μm×（3 ~ 5）μm。

三、症状识别

百合疫病可危害植株各器官，主要侵害茎、叶、花、鳞片和球根，在百合全生育期均可发生。叶片染病，初生水渍状小斑，后扩展成灰绿色大斑，逐渐扩展至叶基部，潮湿时病斑变褐缢缩，植株上部枯死，常倒伏死亡，上有白色霉层，后为灰绿色大斑。茎部染病，初为水渍状褐色腐烂，皮层、髓部变褐坏死，地上部分表现为叶片变黄，萎蔫在茎上；病斑凹陷，呈条状，暗褐色或黑色，可向上或向下扩展，病健交界清晰可见；后期茎基部组织变黑变褐，导致维管束组织软腐，最后导致叶片由下至上变黄、脱落，直至整株死亡。花染病，呈软腐状。球根、鳞茎染病，出现水渍状褐斑，初生油状小斑点，逐渐扩大呈灰褐色，扩展后腐败，产生稀疏的白色霉层，即病原菌孢囊梗或孢子囊。

百合鳞茎及植株感染百合疫病的症状

四、发生及流行规律

病菌以厚垣孢子、卵孢子或菌丝体随病残体留在土壤中越冬。翌年条件适宜时，孢子萌发，侵入后导致发病，病部又产生大量孢子囊，孢子囊萌发后产生游动孢子或孢子囊直接萌发进行再侵染。病菌借助空气、水流、染病种球传播，生长适宜温度为 15 ~ 25 ℃。积水、黏重土壤易使地下部的茎基部、种球、根等部位发病，连作发病严重。在气温 20 ~ 25 ℃、空气湿度 85%、连续阴雨天气及土壤排水不畅等环境下，该病发生早，蔓延快，危害重。

五、防治方法

当前，百合疫病的防治主要依靠化学防治，同时结合农业防治和生物防治。

1. 农业防治

（1）选择健康无病种球进行种植。种植前对种球进行消毒处理，可用 25% 咪鲜胺乳油 400 倍液浸种 30 min，晾干后再种植。

（2）合理轮作。该病以连作地发病重于轮作地和新种植地。连作地土壤中植物病残体多，病原菌丰富，为疫病的发生奠定了基础。因此，进行合理的水旱轮作或与其他非百合科和非茄科作物轮作，可以大幅度地降低病害发生程度。建议连作时，前茬不宜选葱、蒜、韭菜、烟草、辣椒、茄子等作物，可与豆科、禾本科作物进行 2 ~ 3 年轮作。

（3）合理密植。密植地发病重于稀植地。密植地植株间湿度大，有利病菌侵入繁殖。保持良好的通风透光可以减少病害发生，具体的种植密度应根据不同品种以及种球大小而定。

（4）科学管理。偏施氮肥的植株生长柔嫩，利于病菌侵入，因此采用配方施肥技术，适当增施钾肥，可提高抗病力。采用高厢深沟或起垄栽培，开好厢沟、腰沟、围沟，以利雨后及时排除积水，做到雨停水干。及时清除病残体，发现病死株及早挖除，集中烧毁或深埋，条件允许的话更换一下病株周围的土壤。消毒土壤一般用 40% 的甲醛液，按每 100 kg 水兑 1 kg 甲醛液的比例浇灌，并覆盖薄膜 7 天左右，揭膜后反复翻挖几次排除异味后再种植。也可以采用棉隆进行土壤消毒。

2. 生物防治

可选用枯草芽孢杆菌（1000 亿芽孢 /g）可湿性粉剂 3000 倍液、1% 申嗪霉素悬浮剂 1000 倍液进行防控。

3. 化学防治

预防期：常用的药剂有 68.75% 噁酮·锰锌水分散粒剂、75% 百菌清可湿性粉剂等。

发病期：推荐使用 68% 精甲霜·锰锌水分散粒剂、24% 霜脲·氰霜唑悬浮剂、72.2% 霜霉威盐酸盐水剂、5% 烯肟菌胺乳油、43% 戊唑醇悬浮剂、72% 霜

脲·锰锌可湿性粉剂、52.5%噁酮·霜脲氰水分散粒剂。具体使用剂量及方法
见表2-5。

　　注意施药方法，积极开展专业化统防统治。统一组织，尽可能同时大面积
喷药。喷药时，药液量要喷足，叶片的正反两面、植株的内膛要喷周到，不留
死角。喷药时要使药液均匀遍及病株茎基部及周围土壤。施药期间，各种药剂
应交替使用，以防病菌产生抗药性。

表2-5　百合疫病化学防治推荐药剂和使用方法

时期	药品名	剂型	剂量	使用方法
预防期	68.75%噁酮·锰锌	水分散粒剂	800 ~ 1000 倍	全株喷雾及灌根，每隔7 ~ 14天1次，连续2 ~ 3次
	75%百菌清	可湿性粉剂	600 ~ 800 倍	
发病期	68%精甲霜·锰锌	水分散粒剂	1000 ~ 1200 倍	在发病初期均匀喷雾及灌根，每隔5 ~ 7天1次，连续2 ~ 3次
	24%霜脲·氰霜唑	悬浮剂	1000 ~ 2000 倍	
	72.2%霜霉威盐酸盐	水剂	1500 ~ 2000 倍	
	5%烯肟菌胺	乳油	750 ~ 1500 倍	
	43%戊唑醇	悬浮剂	5000 ~ 7000 倍	
	72%霜脲·锰锌	可湿性粉剂	1500 ~ 2000 倍	
	52.5%噁酮·霜脲氰	水分散粒剂	2000 ~ 3000 倍	

第七节　百合菌核（黑腐）病

一、致病菌

致病菌为子囊菌亚门核盘菌属核盘菌（*Sclerotinia sclerotiorum*）。

二、病原特征

核盘菌是一种死体营养型真菌，菌丝体呈白色绒毛状，菌丝分支且有隔膜，多核。核盘菌一般以菌核的形式存在，以子囊孢子和菌丝体形式存在的时间较短，菌核的适应力强，能长期生存。当环境条件适宜时，菌核可萌发形成菌丝或子囊盘，继而通过菌丝或释放大量子囊孢子致使植物发病。

三、症状识别

菌核病也称黑腐病，在百合中时有发生，主要危害百合鳞茎及茎基部。地上部表现为从茎基部开始向上发黄枯萎，叶尖发黄，同时叶边向下弯曲，最终逐渐枯死。地下部被侵染后，鳞茎常出现黑色斑块，根部和茎秆软化变黑，内部组织逐渐分解腐烂，最后充满菌丝体并形成黑色菌核。

感染菌核病百合地上部分叶片
枯黄，叶边卷曲下垂

感染菌核病百合地下部分软化变黑

四、发生及流行规律

植株染病后在病部产生菌核，菌核质地坚硬、生存能力强，可在病残体或环境中长期存活。条件适宜时，菌核可萌发产生菌丝和子囊盘。菌丝体主要通过形成附着器穿透植物表面侵入植物体内，也可通过气孔侵入；子囊盘着生的

子囊成熟后可释放大量孢子，孢子能以坏死或衰老的组织作为营养源来启动孢子萌发并侵染寄主，同时感染健康植株。染病植株后期病部会继续产生菌核，菌核在土壤、病残体中存活，成为初侵染源。

同时，温度 20 ~ 25℃、土壤相对湿度 80% ~ 90% 的条件下最适宜菌核萌发及子囊盘形成。因此，在低温高湿、排水不良、低洼积水的环境中极易发病。高温季节菌丝萌发及菌核形成受阻，病害扩展缓慢。

五、防治方法

1. 农业防治

菌核一般在土壤及病残体中越冬越夏，大多分布在 0 ~ 9 cm 的土层中。因此，深翻土壤能有效减少初侵染源，深翻深度一般在 25 ~ 30 cm，结合灌水等措施，创造土层下的厌氧环境，使菌核难以萌发并腐烂，可减少病害发生。

此外，已发病地块与非百合科作物进行轮作，周期在 2 ~ 3 年以上，能降低菌核病发病率。

2. 化学防治

预防期：种植前进行种球消毒，可选择菌核净或多菌灵浸种 30 min，晾干后种植。

发病期：可选择 50% 腐霉利可湿性粉剂、45% 异菌脲悬浮剂、50% 啶酰菌胺水分散粒剂、50% 多菌灵可湿性粉剂、50% 菌核净可湿性粉剂进行喷雾处理，严重的也可以直接用药液浇灌发病区域。具体使用剂量及方法见表 2-6。施药期间，各种药剂应交替使用，以防病菌产生抗药性。

表 2-6　百合菌核（黑腐）病化学防治推荐药剂及使用方法

药品名	剂型	剂量	使用方法
50% 菌核净	可湿性粉剂	每亩 200 ~ 250 g	
50% 多菌灵	可湿性粉剂	400 ~ 800 倍液	
50% 腐霉利	可湿性粉剂	每亩 50 ~ 100 g	喷雾或灌根
45% 异菌脲	悬浮剂	每亩 80 ~ 120 g	
50% 啶酰菌胺	水分散粒剂	每亩 30 ~ 50 g	

第八节　百合白绢病

一、致病菌

百合白绢病致病菌为齐整小核菌（*Sclerotium rolfsii*），属半知菌亚门，丝孢纲，无孢目，不产生任何孢子，仅形成白色菌丝和大小如油菜籽的褐色至暗褐色球形菌核。

二、病原特征

病原菌丝体白色透明，老菌丝粗 2 ~ 8 μm，分支不成直角，具隔膜。在 PDA 培养基上菌丝体为白色、茂盛，呈辐射状扩展，菌核外观初呈乳白色，略带黄色，后为茶褐色或棕褐色，球形至卵圆形，直径 1 ~ 2 mm，表面光滑具光泽。菌核表层由三层细胞组成，外层细胞棕褐色，表皮层细胞下部为假薄壁组织，中心部位为疏丝组织，无色，肉眼看去呈白色。

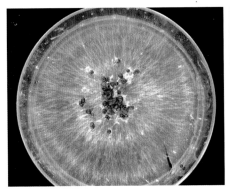 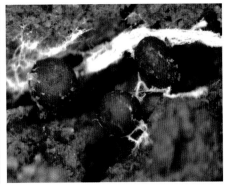

PDA 培养基上的白绢病菌丝和菌核　　　　白绢病菌丝及菌核

三、症状识别

百合白绢病可危害百合的鳞茎或茎基部，常造成病部腐烂。染病植株，地上部分初期叶变黄、凋萎，后期整株枯死；地下部分可见鳞茎被放射状白色绢丝状菌丝缠绕，鳞茎有暗褐色、水渍状的腐烂病斑，当温度、湿度适宜时，茎基部内的菌丝穿出土层，向四周土表蔓延，并产生许多茶褐色油菜籽大小的球形菌核。

白绢病危害百合地上部分

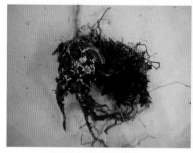

白绢病危害百合鳞茎　　　白绢病菌丝穿出土层，向四周土表蔓延

四、发生及流行规律

　　白绢病以菌核在土壤中越冬，其菌丝也可以在植株病残体上遗落于土壤中越冬。翌年，在环境条件适宜时，菌核萌发长出的菌丝顺着土壤缝隙蔓延到植株根部、茎基部的伤口或表皮直接侵入寄主体内，引起根茎发病、腐烂。病株上成熟的菌核又能通过雨水、昆虫和浇灌、耕种等农事操作传播，引起再侵染。最后病组织形成的菌核落入土中或残留在病株中越冬。菌核大部分分布在 1 ～ 2 cm 的表层土中，2.5 cm 以下的土层中菌核发芽率明显减少，在土中 7 cm 处几乎不发芽，且埋于土壤深处的菌核存活时间往往不超过 1 年。

　　影响白绢病发生的条件主要是气候。高温和潮湿的条件有利于菌核萌发，而干燥的环境则有利于菌核存活。菌核萌发和菌丝生长的温度范围在15 ～ 42℃，最适温度为 30 ～ 35℃；pH 值范围为 2.0 ～ 8.0，最适 pH 值为 5.5。潮湿高温的环境有利于病害的传播，尤其是长时间干旱后遇雨会促进白绢病的大规模爆发，4 月下旬开始发病，6—8 月高温多雨季节为发病盛期。

五、防治方法

百合白绢病的防治主要依靠化学防治，同时结合农业防治和生物防治。

1. 农业防治

种植前深耕土壤，将齐整小核菌菌核、作物病残体深埋于地下 20 cm 深处，是一种有效减轻病害的方法。此外，深翻土壤时，增施腐熟有机肥、有益菌堆肥等土壤改良剂，可改善土壤通透性，改良土壤微生物菌落结构，减少病原菌数量，降低病害的发生率。

采用轮作，与小麦、玉米、高粱等谷类作物轮作可显著减少土壤中的菌核数量，进而降低白绢病发生率。此外，水旱轮作防效更明显。

每亩掺施 100 ～ 150 kg 石灰粉，使土壤微碱化，可抑制病原菌繁育。

2. 生物防治

生产上多采用哈氏木霉菌制成木麸皮生物制品，在百合栽种阶段和发病初期施入土壤进行生物防治。

3. 化学防治

预防期：采用熏蒸剂棉隆等进行土壤消毒，消毒 1 次可控制 2 ～ 3 年不发病。每亩使用剂量为 20 ～ 25 kg。

发病期：推荐使用 5% 井冈霉素水剂 1000 ～ 1600 倍液、50% 田安水剂 500 ～ 600 倍液、20% 甲基立枯磷乳油 1000 倍液、90% 敌克松可湿性粉剂 500 倍液，每株淋灌 0.4 ～ 0.5 L。或用 15% 粉锈宁可湿性粉剂、40% 五氯硝基苯粉剂加细沙配成 1 ∶ 200 倍药土混入病土，每株（穴施）100 ～ 150 g，隔 10 ～ 15 天施用 1 次。施药期间，各种药剂应交替使用，以防病菌产生抗药性。详见表 2-7。

表 2-7　百合白绢病化学防治推荐药剂和使用方法

药品名	剂型	剂量	使用方法
5% 井冈霉素	水剂	1000 ～ 1600 倍	
50% 田安	水剂	500 ～ 600 倍	
20% 甲基立枯磷	乳油	1000 倍	淋灌
90% 敌克松	可湿性粉剂	500 倍	
15% 粉锈宁	可湿性粉剂	200 倍	
40% 五氯硝基苯	粉剂	200 倍	穴施

 第九节　百合种球青霉病

一、致病菌

百合种球青霉病是由青霉属真菌（*Penicillium* spp.）引起的病害。常见的致病菌有圆弧青霉（*P. cyclopium*）和簇状青霉（*P. corymbiferum*）。

二、病原特征

圆弧青霉：菌落蓝绿色，无轮纹。分生孢子梗由菌丝垂直生出无色帚状分支3次。分生孢子单胞、近球形、光滑，直径 3 ~ 4 μm。

三、症状识别

百合种球贮藏期间受青霉菌危害后，在鳞茎外层鳞片产生褐色凹陷病斑。病斑边缘颜色较深，中央呈腐烂状，并逐渐向四周扩大，腐烂组织不断增加，有时腐烂部位产生青绿色或灰白色霉层，内部鳞片缓慢腐烂，最后整个鳞茎呈干腐状。

百合种球感染青霉病症状

四、发生及流行规律

青霉病菌在土壤或病残体中越冬，从伤口侵入，潮湿环境有利于病害扩散。贮藏期间，百合种球鳞片腐烂斑上先长出白色菌丝，然后产生青色孢子。侵染后，种球的腐烂程度将逐步增加。病菌最终侵入鳞茎的基盘，使鳞茎失去价值或使该种球长出的植株生长迟缓。种植后，侵染不会转移到茎秆上，几乎不从土壤中侵染别的植株。

青霉菌寄主广泛，百合贮藏时较高的相对湿度适宜其生长，病菌主要通过收获和贮运过程中造成的伤口侵染百合。贮藏后期百合逐渐衰弱也给该病蔓延创造了条件。当百合鳞茎表面有该病菌存在且在贮藏期间遇到高温、高湿的情况后，病菌就会大量繁殖。

五、防治方法

（1）百合栽培过程中应减少病虫危害，培育健康清洁鳞茎，收获时避免机械损伤。

（2）保持种球收种场所卫生、干燥、通风透气，及时清除病球及病残体。

（3）做好种球消毒，一般用50％多菌灵500倍液浸泡8～10 min，或用50％咪鲜胺锰盐可湿性粉剂1000～2000倍液浸泡1 min。同时对包装基质进行消毒处理。

（4）贮藏时环境保持清洁，配备缓慢换气设备，保持适度的二氧化碳浓度等。

第十节　百合烟煤病

一、致病菌

百合煤烟病又称百合煤污病，主要是由小煤炱目（Meliolales）小煤炱科（Meliolaceae）小煤炱属（*Meliola*）的多种真菌为害引起的。

二、病原特征

病原的子囊束生于黑色闭囊壳基部；子囊孢子椭圆形，暗褐色，有 2 ～ 4 个隔膜。菌丝体生于植物体表面，黑色，有附着枝，并以吸器伸入寄主表皮细胞内吸取营养。

三、症状识别

百合煤烟病主要危害百合的叶片，也可危害嫩梢、花蕾等部位。其主要是以棉蚜的分泌物为营养的真菌性病害，可在叶片表面形成黑色霉层或黑色霉粉层，有时在干燥条件下黑色霉层易开裂剥落。黑色霉层或黑色霉粉层是该病的重要特征。初期形成黑色小霉斑，后扩大连片，使整个叶面、嫩梢上布满黑霉层。百合煤烟病主要影响百合的光合作用，导致植株衰弱，降低观赏价值和经济价值，危害严重时，甚至会导致植株死亡。

百合感染烟煤病叶片的症状

百合烟煤病与蚜虫共同危害叶片的症状

四、发病及流行规律

百合煤烟病主要为腐生性质，多伴随棉蚜的发生而发生。病菌以菌丝及子囊壳在病组织上越冬，翌年由此飞散出孢子。该病原以棉蚜排出的蜜露或分泌物为主要营养来源。当叶枝表面有蜜露时，即可生长发育，因遮光而影响植物的光合作用。病菌的菌丝和分生孢子可借气流、昆虫传播，进行重复侵染。一般在棉蚜发生严重时，该病发生危害也相对严重。空气潮湿、荫蔽闷热、枝叶茂密、通风不良等情况有利于病害的发生。梅雨季节容易发病。

五、防治方法

1. 加强栽培管理

栽培管理得当，可以减少发病的可能性。栽培过程中，应该避免闷热潮湿、种植地积水、栽植过密和通风不良等容易导致感病的环境条件；施肥时应多施磷、钾肥，少施氮肥；浇水采取滴灌、沟灌等方式，并且由于潮湿利于病原菌的侵入，因此应避免夜间浇水，加强雨季排水；做好环境卫生工作，清除杂草，及时剪除被害枝条，集中烧毁，减少侵染源。

2. 药剂防治

预防期：在防治百合煤烟病时，如果只是喷施杀菌剂，不解决病菌的滋生环境及传播途径的问题，喷施再多的杀菌剂也只是徒劳，治标不治本！因此，做好棉蚜防治是预防百合煤烟病的根本性措施。当虫害发生时，应及时喷施杀虫剂，将害虫消灭在初发阶段，如有蚜虫可用 2.5% 溴氰菊酯（敌杀死）乳油 3500 倍液或 20% 甲氰菊酯（灭扫利）乳油 2500 倍液，全面均匀喷施，每次间隔 7 ~ 10 天，连喷 3 次以上，防治效果明显。只要遏制住虫害，百合煤烟病就不会发生，或逐步减轻。

发病期：百合煤烟病发病后，可喷施代森铵悬浮剂 500 ~ 800 倍液或灭菌丹水分散粒剂 400 倍液，每隔 5 ~ 7 天 1 次，连续 2 ~ 3 次。

第十一节　百合炭腐病

一、致病菌

百合炭腐病的致病菌为菜豆壳球孢菌（*Macrophomina phaseolina*），属子囊菌门，葡萄座腔菌目，壳球孢属。

二、病原特征

菜豆壳球孢菌菌落初期为白色，后逐渐转为灰白色或深灰色。菌丝有隔，气生菌丝不发达，易产生黑色微菌核（多个单菌丝聚集形成的多细胞结构）。该菌在 PDA 培养基上不产生孢子。

三、症状识别

炭腐病是最新发现的一种病害，属于一种土传真菌性病害，主要危害百合叶片和茎秆。在部分百合品种中发生较为严重，如 O 系列的'依兰'。发病初期，百合叶片上部出现红褐色的变色，后逐渐扩大形成褐色连片斑块，病健交界处失绿变黄，在周围形成明显的黄色光晕；茎秆上出现黄褐色水渍状病斑。随着病情发展，褐色病斑由叶尖逐步向叶片中部扩散，并由中部向叶片边缘扩散。发病后期叶片出现褐化、坏死、向内翻卷的现象，最终大面积凋落；茎秆完全变黄，中部变空、易折断。

百合'依兰'感染炭腐病叶片的症状

百合'依兰'感染炭腐病植株的症状

四、发生及流行规律

致病菌产生的微菌核是该病害主要初侵染源。微菌核是菜豆壳球孢菌在不良环境中生存的主要形式。微菌核在土壤、病残体中越冬越夏，翌年通过根部侵入植物体内，堵塞维管束，造成茎秆枯萎。同时，病原菌产生的菜豆碱毒素会造成侵入部位周围的细胞出现过敏性坏死。

环境条件可通过影响致病菌的生长进而影响病害流行。菜豆壳球孢菌在 10～40℃的温度中均能生长，生长最适温度为 35℃，最适 pH 值为 5.0～6.0；喜低湿环境。因此，高温及干燥条件有利于该病的发生和扩散。高温季节该病的发病率可达 90% 以上，造成地上部大面积枯萎，严重影响百合观赏价值。

百合炭腐病是最新鉴定的病害，其综合防治方法还有待进一步研究。

第十二节　百合叶尖干枯病

一、致病菌

百合叶尖干枯病的致病菌为高粱附球菌（*Epicoccum sorghinum*），属子囊菌门，格孢腔目，附球菌属。该菌无性繁殖阶段被命名为高粱茎点霉（*Phoma sorghina*），属半知菌类，球壳孢目，茎点霉属。

二、病原特征

高粱附球菌菌落初期为白色，后期菌落中心逐渐变成粉红色，边缘为灰粉色或灰色。后期菌丝分泌色素，使菌落背面和培养基呈褐红色。分生孢子透明，有隔，长椭圆形或长卵圆形，单细胞。厚垣孢子深棕色，形态多样，球形、近球形或椭圆形，表面有疣状突起。

三、症状识别

叶尖干枯病在部分百合品种中时有发生，如 LA 系的'红妆'，主要危害百合叶片。田间调查显示，病斑从叶尖及叶缘开始产生。发病初期，叶尖部有红褐色斑块，斑块边缘为黄色。随着病菌的扩散，黄色斑块由叶尖沿叶脉向叶基部扩散，致使叶脉及其周围组织失绿。发病中期叶尖出现深褐色坏死，且失水皱缩。发病后期整株叶片前半部干枯，基部仍可保持绿色状态。发病叶片病健交界处有明显的褐色分界线。

染病后叶尖出现黄褐色斑块，边缘黄化

染病后叶尖失水皱缩

百合'红妆'染病后整株叶尖枯萎　　　病健交界处存在褐色交界线

四、发生及流行规律

相关研究表明，高粱附球菌在 5 ~ 35℃的温度下均可生长，最适温度为 25℃，超过 40℃时，菌丝无法正常生长；最适 pH 值为 6。该病害主要发生于春末夏初。

五、防治方法

已有研究表明，啶酰菌胺、咯菌腈和嘧环菌胺对从龙牙百合上分离下来的高粱附球菌的菌丝生长具有抑制作用，有望应用于由高粱附球菌引起的百合叶尖干枯病的防治，但其田间防治效果仍有待进一步研究。

第十三节　百合丛簇病

一、致病菌

百合丛簇病是由束红球菌（*Rhodococcus fascians*）引起的细菌性病害。

二、病原特征

红球菌属细菌多附生或内生于植物的根或叶中，多数无致病性，目前已知该属中对植物有致病性的为束红球菌。束红球菌是一种多形态细菌，杆状或球状，革兰氏染色阳性，好气性，细胞壁中含有分枝菌酸。菌落初期为乳白色，稍凸起，不透明，7 天左右逐渐转为黄色或橙黄色。病菌生长最适温度为25 ~ 28℃，超过 33℃，病菌生长就会受到抑制。

三、症状识别

丛簇病会引起百合外观发育异常。染病植株茎秆扁平且顶部变宽（又称扁枝病），顶端芽增殖，但增殖的芽通常在形成不久后生长就会受到抑制，因此顶部叶片呈丛簇状、着生密度大，使整个百合植株呈现出扫帚状。开花期常表现为花小或不开花，影响百合观赏价值。有时染病植株还会出现植株矮小、根系生长发育不良的现象。

染病的卷丹百合茎秆扁平、顶叶丛簇

染病后植株矮小

染病后花发育异常

四、发生及流行规律

病菌主要随病残体在土壤中越冬，通过土壤、水流、种子、无性繁殖材料及昆虫等传播。病菌不需要通过伤口就能直接侵染植物，并且在出现症状之前有较长的潜伏期。环境条件适宜时，束红球菌在田间土壤中能够存活至少4年，尤其是在环境条件相对适宜的温室内，能持续危害植株。病菌也可以通过灌溉水或雨水飞溅在植株间进行短距离传播。百合主要通过种球繁殖，病菌可以通过种球进行跨地区传播。除此之外，蚜虫等昆虫也是病菌传播的重要途径。

束红球菌的耐低温能力强，在低温下能够存活相当长的时间，但不耐高温，因此在高温少雨的季节或地区，该病的发生和传播会受到一定的限制，而温暖湿润的气候则有利于病害的发展。

关于百合丛簇病的综合防治还有待深入研究。

第十四节　百合细菌性软腐病

一、致病菌

引起百合软腐病的病原细菌主要为胡萝卜软腐欧文氏菌胡萝卜亚种（*Erwinia carotovora* subsp. *carotovora*）。

二、病原特征

病原菌在肉汁胨培养基上的菌落呈灰白色，表面光滑，微凸起，半透明，边缘整齐。菌体短杆状，大小为（0.5～1.0）×（2.2～3.0）μm，周生鞭毛2～8根，无荚膜，不产生芽孢，革兰氏染色为阴性。

三、症状识别

软腐病主要危害百合叶片、茎及鳞茎。染病植株最初在受害部位出现不规则水浸状坏死病斑，后逐步向内蔓延，使病部组织开始软化、变色，导致整个鳞茎和茎部形成脓状腐烂，并伴有恶臭。同时，茎部腐烂会由中心逐步蔓延至叶片，使叶片出现水浸状不规则病斑，并向四周扩大，最终导致叶片腐烂。

百合感染细菌性软腐病根、鳞片和叶片腐烂

百合感染细菌性软腐病叶片和顶部花蕾腐烂

四、发生及流行规律

带病的鳞茎、植株病残体是软腐病的初侵染源。病菌主要通过种球、雨水、昆虫或工具等侵入植株伤口，造成发病。温度高、湿度大时发生严重，扩散快。在百合鳞茎储藏期间，若温度高、湿度大，病菌也极易通过机械伤口侵入鳞茎，造成储藏期种球腐烂。病原菌生长发育最适温度为 25 ~ 30℃，致死温度为 50℃；pH 值为 5.3 ~ 9.2，最适 pH 值为 7.2；不耐光或干燥，在日光下暴晒 2 h 大部分死亡。

五、防治方法

1. 种球贮藏前消毒

种球采收时减少机械损伤，剔除有伤口和发病的种球。储存前可将种球用 50% 多菌灵 500 倍液浸泡 10 min 或 50% 苯菌灵 1500 倍液 30℃下浸泡 20 min，捞出晾干后低温储藏。

2. 种植前进行土壤消毒

种植时要选择排水良好的土壤。设施栽培可以借助夏季大棚内高温闷棚杀菌；非设施栽培可以在夏季进行土壤翻晒，借助阳光高温杀菌。

3. 化学防治

发病初期可用 72% 农用链霉素可湿性粉剂 4000 倍液或 30% 碱式硫酸铜悬浮剂 400 倍液交替喷雾，每 3 ~ 5 天 1 次，连续 2 ~ 3 次。也可在百合开花前用 30% 碱式硫酸铜悬浮剂 300 倍液或 72% 农用链霉素可湿性粉剂 3000 倍液进行灌根，每次 250 ~ 300 mL，每 2 ~ 3 天 1 次，连续 2 ~ 3 次。

施药期间，各种药剂应交替使用，以防病菌产生抗药性。

第十五节 百合线虫病

一、致病菌

百合线虫病是由短体线虫属（*Pratylenchus* spp.）引起的病害。常见的致病线虫有穿刺根腐线虫（*P. penetrans*）。

二、病原特征

穿刺根腐线虫呈小型圆筒形。虫体前端至阴门处体宽略相等，尾部稍窄。唇区低无缢缩，前端平，唇环三道。口针基部球大，食道腺呈叶状覆盖于肠前端背、腹面，背面较长。单卵巢，后阴子宫囊略长于体宽。

三、症状识别

百合茎腐线虫侵染鳞茎，在侵染点附近形成褐色枯斑。地上部发病初期局部叶片过早黄化，植株严重矮化，开花少且小；地下部的根或者鳞茎上会出现许多坏死斑或伤口。生长后期土壤中某些真菌可二次侵染，致使百合鳞茎在贮运期发生腐烂。

百合鳞茎感染线虫的症状

四、发生及流行规律

百合鳞茎线虫存在于土壤中，是一种植物内寄生性线虫，不仅在植物体内繁殖很快，也可离开着生的植株或衰老的侵染体，在湿润的土壤中迁移到附近的寄主上继续为害，其寄主范围极广。

该线虫以四龄幼虫或成虫侵染鳞茎，受线虫感染的鳞茎容易遭受匍枝根霉（*Rhizopus stolonifer*）、圆弧青霉（*Penicillium cyclopium*）、尖孢镰刀菌（*Fusarium oxysporum*）等病原真菌的继发侵染造成病害更加严重。该线虫是迁移型专性内寄生，当鳞茎受害到一定程度，线虫会转移至其他健株的鳞茎上，而原来被线虫破坏的部分易受上述真菌的再次侵染。

五、防治方法

当前，百合线虫病的防治主要依靠化学防治，同时结合农业防治。

1. 农业防治

（1）检测种球是否带线虫，选用无线虫种球进行种植。

（2）在百合收、运、贮过程中避免造成伤口；剔除病、伤鳞茎，挑选健康鳞茎贮藏和播种。

（3）种球收获后用杀虫剂浸泡。浸泡种球时，应使药液和种球尽量充分接触。可选用 40% 辛硫·三唑磷乳油 1500 倍稀释液 +3% 阿维菌素水乳剂 1500 倍稀释液 +55% 甲基嘧啶磷乳油 800 倍稀释液，2.5% 联苯菊酯乳油 1500 倍稀释液 +40% 辛硫·三唑磷乳油 1500 倍稀释液 +3% 阿维菌素水乳剂 1500 倍稀释液，40% 辛硫·三唑磷乳油 1500 倍稀释液 +55% 甲基嘧啶磷乳油 800 倍稀释液 +50% 敌百·辛硫磷乳油 1500 倍稀释液三个复配剂组合中的任一组合浸泡种球 20 min，也可轮换使用。

（4）贮藏期应避免温度过高。

（5）种植前，用 38 ~ 40℃的温水浸泡种球。

（6）及时清除病球及病残体，集中销毁。

2. 化学防治

预防期：常用的药剂有 10% 噻唑膦颗粒剂、0.5% 阿维菌素颗粒剂。

发病期：推荐使用 0.5% 氨基寡糖素水剂、3% 阿维菌素微囊悬浮剂、5% 阿维菌素·氟吡菌酰胺悬浮剂等。具体使用剂量及方法见表 2-8。

施药期间，各种药剂应交替使用，以防病菌产生抗药性。

表 2-8　百合线虫病化学防治推荐药剂和使用方法

时期	药品名	剂型	剂量	使用方法
预防期	10% 噻唑膦	颗粒剂	1 g	定植时，在种球的四周施放。每穴施 1 g，药剂不能与种球接触，施药后覆土
	0.5% 阿维菌素	颗粒剂	1 g	
发病期	0.5% 氨基寡糖素	水剂	1500 ~ 2000 倍	在发病初期灌根，每隔 7 ~ 10 天 1 次，连续 1 ~ 2 次
	3% 阿维菌素	微囊悬浮剂	1500 ~ 2000 倍	
	5% 阿维菌素·氟吡菌酰胺	悬浮剂	3000 ~ 4000 倍	

第三章

百合常见生理性病害及其防治

DI-SAN ZHANG

BAIHE CHANGJIAN SHENGLIXING

BINGHAI JI QI FANGZHI

第一节　百合缺素症

百合生长过程中，需要足够的营养才能正常开花。如果某一种营养元素缺乏，会表现出缺素症。根据植株的表型可以进行初步判断，及时补充相应的元素，能有效缓解或者预防缺素症状。

一、百合缺氮症

1. 症状识别

百合叶片呈淡绿色或淡黄色，老叶或全株失绿、黄化。缺氮症状一般出现在百合苗期和生长前期。识别方法：整株叶片黄化，叶肉和叶脉都黄化失绿，植株生长缓慢，茎秆纤细，开花数量减少。

百合缺氮，全株失绿

2. 发病原因

氮易随水流失，无论是无土栽培还是土壤种植都易发生缺氮。未腐熟的有机物在微生物发酵过程消耗了大量的氮素，也会造成植物缺氮。土壤中缺少可吸收的氮，根系受损后吸收不好。

氮在植物体内的再移动能力很强，缺氮情况下，老叶中的蛋白质、核酸、叶绿素等分解为小分子氮化合物（如氨基酸或酰胺等），然后转运到新生器官被再利用，以满足这些器官的正常代谢，导致老叶黄化。缺氮后植株蛋白质合成受阻，细胞分裂活性下降。叶绿素含量下降后出现叶片黄化、光合强度减弱、光合产物减少的情况。

3. 防范措施

种植前，在土壤或者基质中加入腐熟的有机肥。

生长期补施硝酸钙、尿素或硝酸钾等速效氮肥，可以喷施也可以滴灌。

二、百合缺磷症

1. 症状识别

缺磷症首先表现在老叶上，叶色暗绿，老叶的尖端变为红褐色，早期落叶。植株生长迟缓，花小而少，花色不正常。

2. 发病原因

土壤中磷的含量不足；土壤 pH 值过高或者土壤含钙量高，导致土壤中磷元素被固定，植物难以吸收而缺磷。

3. 防治措施

缺磷时，可叶面喷施磷酸二氢钾或过磷酸钙溶液。因土壤碱性和钙质高造成的缺磷，可施硫酸铵等酸性肥料使土壤酸化，以提高土壤中可吸收磷的含量。

三、百合缺钾症

1. 症状识别

百合植株生长缓慢，幼叶出现斑驳的缺绿现象，叶尖及叶缘常坏死。黄化部分从边缘向中部扩展，以后边缘部分变褐色而向下皱缩，最后下部叶和老叶脱落。抑制茎的生长，抗病性降低。

2. 发病原因

细沙土及有机质少的土壤，或者在轻度缺钾土壤中偏施氮肥都易表现缺钾症。沙质土壤中施用石灰过多，也会降低钾的有效吸收。

3. 防治措施

叶面喷施磷酸二氢钾；每亩追施硫酸钾 20 ～ 25 kg 或氯化钾 15 ～ 20 kg。

四、百合缺铁症

1. 症状识别

初期脉间褪色而叶脉仍为绿色，叶脉颜色比叶肉深，呈清晰的网状花纹。严重时百合整个叶片变黄，上部新生叶甚至会变成白色。

百合缺铁症状

2. 发病原因

①土壤中缺乏作物可吸收的铁。②土壤含钙量高（pH 值高）或容易积水。③铁离子在植物体中不容易流动，老叶片中的铁不能向新生组织转移，因此缺铁首先出现在植物幼叶上。

3. 防范措施

确保土壤排水良好，降低土壤 pH 值，严格控制栽培条件，促进根系的良好生长。种植前在 pH 值高于 6.5 的土壤中增施螯合铁，种植后根据植株叶片颜色进行追施；如果植株颜色仍然发黄，应在两周后再补施一次螯合铁。使用螯合铁的量取决于土壤的 pH 值和施用时间。值得注意的是，铁施用过量或浓度过高又会在叶片产生黑斑，因此必须掌握好用量，浓度不得过高，一般在 1000 倍以上，叶片喷施的效果也比较好。

五、百合缺锌症

1. 症状识别

发病植株叶片比正常植株的小，顶芽生长受阻，新生叶片成簇生长，叶片畸形，老叶上也有脉间失绿症状。

百合缺锌症状

2. 发病原因

①土壤呈碱性时，土壤中的有效锌减少，根系可吸收的锌减少，都易表现缺锌症。②大量施用磷肥可诱发缺锌症。③施用石灰时极易出现缺锌现象。

3. 防范措施

增施有机肥、改良土壤、降低土壤的碱性，是防治缺锌最好的方法。同时结合叶面喷施七水硫酸锌，也可以取得较好的防治效果。

六、百合缺镁症

1. 症状识别

一般发生在百合老叶的下部，会出现黄化、叶脉间失绿现象，有时呈花叶状，严重时出现小面积坏死。后期常出现枯斑，有皱缩现象，叶脉间常在一日之内就会出现枯斑。

2. 发病原因

①土壤中镁元素缺乏。②酸性土壤或沙质土壤中镁容易流失。③大量使用

钾肥或者磷肥。

3. 防范措施

在中性和碱性土壤中，追施硫酸镁；在酸性土壤中，追施碳酸镁。将其溶解在灌溉水中提供给植株，或者直接喷洒在植株间的土壤或基质上。

七、百合缺钙

1. 症状识别

一般此症状首先表现在百合新叶上，叶片颜色变浅；叶尖弯曲，叶片尖端和边缘褐色，甚至腐败坏死；叶片有时为浅绿色并带有白色斑点；植株生长迟缓，茎秆硬度减弱。

2. 发病原因

①土壤中钙元素缺乏。②土壤酸度较高时，钙很快流失。③土壤偏碱性时，土壤中的有效钙含量降低。④土壤中氮、钾、镁较多时，也容易发生缺钙症状。

3. 防范措施

增施有机肥、改良土壤、调节土壤的酸碱性、追施碳酸钙或者硝酸钙。

第二节 百合叶烧病

一、症状识别

百合叶烧病是指百合叶片逐渐焦枯的一种生理性病害。百合叶烧病一般在种植后 30 天开始出现，主要发生在现蕾期间。初期幼叶稍向内卷曲，随后出现黄绿色到白色斑点，叶烧严重时白色斑点随后可转变为褐色。叶片逐渐萎缩焦枯，花苞异常，严重时发病叶片干枯凋落，植株停止生长。湿度大的环境叶烧部位易感染灰霉病。

设施栽培'索邦'百合叶烧早期症状

设施栽培'木门'百合叶烧早期症状

设施栽培'木门'百合叶烧中期症状

设施栽培'木门'百合叶烧后期症状

露地栽培'红色天鹅绒'百合叶烧症状
（黄绿色到白色病斑）

露地栽培'红色天鹅绒'百合叶烧症状
（白色病斑转变为褐色）

露地栽培'红色天鹅绒'百合叶烧症状
（叶片焦枯）

露地栽培'红色天鹅绒'百合植株
发生严重叶烧

二、发生原因

（1）品种与种球。百合叶烧病具有显著的品种特异性，并且与种球规格及贮藏时间有关。目前认为东方百合较亚洲百合更容易发生叶烧；大规格种球（直径 16/18 cm 以上）比小规格种球更容易发生叶烧；种球贮藏时间越久，种植后越容易出现叶烧。

（2）环境条件。光照过强或长时间阴雨天后突然转晴、温度变化过大、空气过于干燥或土壤盐分过高均易引起叶烧。

（3）不合理施肥。施肥时氮与钾、钾与钙不平衡也是造成叶烧的重要因素。此外，栽植初期大量使用铵态氮或酰胺态氮（如尿素）时，也极易发生叶烧。

三、防治方法

（1）选用不易发生叶烧的品种，如品种无法避免，尽量避免选用大规格种球（直径 16/18 cm 以上）。种植时应注意适当深植，种球上方应有 8 ~ 10 cm 厚的土层，确保茎生根的生长发育。

（2）尽量保持栽培环境中温度和相对湿度的稳定，确保植株保持稳定的蒸腾作用。在光照过强、空气过于干燥时采取遮阴、喷水等措施达到降温、增湿的效果；阴雨天，采用通风等措施增加空气流动，增强植株蒸腾。

（3）合理施肥，薄肥勤施。土壤盐分过高时及时通过灌水淋洗土壤盐分，可适当增施钙肥。

第三节　百合黄叶、落叶

一、症状识别

百合在生长中后期、花芽生长期，出现植株中下部叶片缺绿或死亡的现象，表现为叶片从下部开始发黄并脱落。

温室盆栽百合黄叶、落叶现象

地栽百合黄叶、落叶现象

二、发生原因

百合黄叶、落叶的主要原因是根部受损。当土壤透气性差或干旱时，茎生根发育严重不良，导致百合发育不完全，进而造成百合叶片黄化。气候异常也会伤根害叶，如低温冻害和高温，使植株生长迟缓，落花落果，叶片瘦弱、黄化，严重则导致死亡。土壤养分缺乏、受到污染、pH 值不适宜，或植株栽植密度过大，导致植株营养元素缺乏，会发生黄化、落叶、干枯以及褐化等症状。

三、防治方法

百合在种植前一定要充分改良土壤。种植后如土壤板结，可采用浅锄。如果土壤盐分较高，则应用清水淋洗土壤，以去除盐分。种植深度适宜，鳞茎上方应有 6 ~ 10 cm 厚的覆盖土，种植密度不要过大。

适当灌水。灌溉百合切忌过湿，保持土壤含水量适中非常重要，浇水遵循"见干见湿"原则。

光照不足、通风不良等造成黄叶、落叶，可把下部的老叶片掰除一部分。

第四节 百合黄化病

一、症状识别

百合黄化病是指植株叶片部分或全部褪绿发黄的症状。黄化发生初期茎秆顶部新叶发黄，然后逐渐向下蔓延至老叶，严重时整株枯黄、叶尖焦枯，植株生长缓慢或停止、提前衰老死亡。

兰州百合不同程度的黄化植株

兰州百合黄化植株

卷丹百合黄化植株

二、发生原因

引起百合生理性黄化的原因较多，连作障碍、土壤营养元素缺乏或不平衡、极端温度、旱涝、盐胁迫与碱胁迫等都会导致植株出现生理性黄化。目前认为土壤营养元素缺乏或不平衡是引起百合黄化的最主要因素。

三、防治方法

百合黄化采取预防为主，综合防治的措施。种植时应科学规划选地，合理倒茬轮作，避免连作障碍的产生。种植前充分了解种植地土壤的理化性质，有针对性地进行土壤改良。出现黄化症状时，可采用 0.4% 尿素 + 0.15% 螯合铁 +0.1% 螯合镁 +0.2% 螯合锌追肥或 0.4% 尿素根外追肥，以达到一定的复绿效果。

第五节　百合日灼病

一、症状识别

百合日灼病为百合叶片、花苞出现被阳光灼伤的现象。在露水或灌溉水未干之际，于阳光强烈照射下造成植物组织的细胞因高温而坏死。主要症状是百合叶片灼伤卷曲畸形，叶面出现烫伤症状；花苞则表现为颜色变浅，花梗灼伤后弯曲变短，向阳面易形成褐化之灼伤痕迹，花苞变小、畸形，严重的不能正常开花。

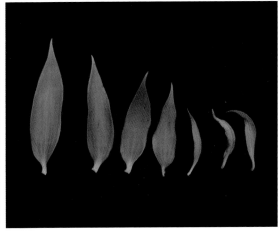

百合叶片灼伤症状

日灼、高温造成百合花色变浅

日灼造成花朵褐化

日灼后花苞畸形

日灼、高温造成百合花苞灼伤

二、发生原因

灼伤的主要原因是强烈的阳光照射叶片，致使部分细胞脱水死亡，造成烫伤症状。叶片上有水滴时，经强光照射后也易造成灼伤。强光一般伴随着高温，因此两者往往共同影响百合的生长。

三、防治方法

夏季适当遮阴，8—9月种植时，用 70% 遮光网覆盖 1～2 层进行遮光。同时控制温室温度，保持在 20～25 ℃，不能超过 28 ℃，温室通过遮阳—湿帘风机系统来降温。

避免高温强光下喷水或施肥、打药，注意所喷施药剂、肥料的浓度不能过高。

第六节　百合烧苗病

一、症状识别

百合烧苗病是指因施肥浓度过高使得植株根系无法从土壤中吸收水分导致植株生长明显减缓或停止生长甚至死亡的现象。植株中上部叶片首先表现出发黄卷曲、叶片尖端迅速脱水而焦枯的症状；地下部分的根尤其是茎生根尖端发黑，根变短变小。植株生长缓慢瘦小，花苞发育不良或畸形。

卷丹百合施肥过量，顶部叶片发黄、卷曲

卷丹百合地下茎生根变短，顶部发黑

发生烧苗的植株生长后期花苞发生畸形

发生烧苗的植株生长后期中部和
上部叶片发黄、变小

烧苗植株（左）与正常植株（右）

大面积烧苗

二、发生原因

肥害是导致烧苗发生的最主要原因。一次性施肥过多或过浓，或使用了未腐熟的有机肥，导致土壤中的水势低于植物根系内部的水势，土壤中的水不但不能进入根系，反而使根毛细胞液中的水分渗透到土壤中，根毛细胞失水发生质壁分离，导致植株严重失水，出现烧苗现象。

三、防治方法

（1）合理施肥。露地种植百合时，种植前施入充分腐熟的有机肥；杜绝使用未充分腐熟的有机肥。营养生长期遵循"薄肥勤施"的原则，进入花期后增施1～2次磷钾肥。施肥应与茎基部保持一定距离，追肥最好在雨前或者随水浇灌。

（2）烧苗发生后应采用立即灌水的方式降低植株根系周围盐离子浓度，同时用清水喷洒叶片，缓解失水，降低危害。

第七节 百合盲花

一、症状识别

百合盲花是指百合在栽培过程中的现蕾期间花芽发育失败、萎缩而脱落的现象。盲花分为不同阶段：整个花芽分化失败，叶丛完全展开时，花蕾部位完全看不到花蕾，称为盲芽；虽有花芽分化，肉眼可见小花苞，但小花苞未及时长大，变得萎缩，称为消蕾；花芽分化正常且部分花芽已肥大生长，但花梗萎缩、花蕾未及时成熟而黄化脱落的现象，称为落蕾。

百合盲芽

百合消蕾

百合落蕾（花苞形成，花梗萎缩）　　　　百合落蕾（花苞黄化、脱落）

二、发生原因

很多原因都可以导致盲花，如不同百合种（品种）对缺光的敏感性不同，同等光照条件下，亚洲百合容易发生盲花；鳞茎大小和年龄会影响盲花，一般老球易发生全盲花现象，而规格偏小的新球常在花枝上部 1 ~ 2 朵花出现盲花；鳞茎春化阶段冷藏时间控制不当会产生盲花；打破休眠的种球若再延长贮藏不及时种植会产生盲花；贮藏温度没有达到、不适宜，会产生盲花。未满足春化阶段的要求，会导致花芽分化未完成而不开花。另外，室内光照不足、温度急剧下降、昼夜温差过大和土壤干湿变化太大都可能引起盲花。

三、防治方法

（1）选择适合栽培地条件的百合种（品种）进行栽培，尽量不使用老球种植，不要将易落蕾的品种栽培在光照差的环境下。

（2）提供合适的栽培条件，如稳定生长适温，当白天温度超过28℃或夜间温度低于13℃会产生盲花。在设施生产中，人工夜间补光可以有效防止消蕾、落蕾。从第一个花蕾发育开始，每天从晚上 8 时至翌日早晨 4 时，补光 8h，连续补光 5 ~ 6 周，对防止百合落蕾有明显效果。在百合出苗后到出花苞前叶面喷施 2 ~ 3 次 0.05% ~ 0.10% 的硼酸或钼酸铵溶液，可有效防治盲花。

（3）为防止花芽分化与发育失败，应避免将种球过度强制冷藏。

第八节 百合裂苞

一、症状识别

花苞扭曲，花瓣分离开裂，雌蕊和雄蕊外露。花苞变为多瓣的畸形，开花后花瓣卷曲、畸形。

卷丹百合裂苞

百合'白天堂'裂苞

二、发生原因

（1）环境变化剧烈，受到生理胁迫。种球处理过程中的某个环节不当，如种球冷藏时间过长、储存不当、发生冻害，生长过程中温湿度变化剧烈，农药使用不当导致药害等都会导致裂苞。此外，冬季设施栽培，夜间温度过低，也容易导致畸形苞出现。

（2）感染病毒病，造成花叶畸形、花瓣扭曲。随着百合种植规模不断扩大，不规范的种植和种球自繁以及快速流通致使百合病毒病积累日益严重。病毒在球茎内越冬，成为翌年初侵染源，通过蚜虫、叶蝉等进行田间再侵染。

三、防治方法

（1）规范种球采后处理和贮藏技术规程，创造良好的生长环境，适度合理用药。

（2）关注夜间温度，同时控制好湿度。夜间温度控制在 12 ~ 15℃，湿度控制在 70% ~ 75%。

（3）选用健壮的鳞茎繁殖，设立无病留种地，发现病株及时拔除，有病株的鳞茎不得用于繁殖。

（4）百合生长期及时喷洒 10% 吡虫啉可湿性粉剂 1500 倍液或 50% 抗蚜威超微可湿性粉剂 2000 倍液，控制传毒蚜虫，减少病毒病的传播和蔓延。

第九节 百合黄苞

一、症状识别

百合黄苞是指生长健壮的植株花苞发生不正常黄化的症状。发病初期花苞顶部发黄，然后逐渐蔓延至整个花苞，后期从顶部逐渐焦枯，焦枯部分易发生灰霉病。黄苞之后，花苞膨大缓慢，开花率降低，初期花被片顶部微微张开，俗称"翘嘴"，后期花被片呈半开放式直至枯萎凋谢。

百合'西伯利亚'黄苞（红色箭头处为黄苞早期症状）

百合黄苞不同程度的症状

百合'粉红马丁'黄苞后感染灰霉病

百合黄苞后花苞"翘嘴"

百合黄苞后花苞呈半开放状态，不能展开

二、发生原因

冷害是导致黄苞发生的最主要原因。冷害一般是指温度尚未达到冰点时，低温引起植物生理失常的表现。冬春季设施栽培，由于保温措施不好，温度骤降时易发生冷害。露地栽培的百合遇到气温骤降也易受到冷害。当温度降至冰点以下，百合植株则受到冻害，叶片呈现水渍状，变软变褐，甚至地上部分整体死亡。

百合植株受到冻害（杜方 摄）

三、防治方法

（1）提高并稳定设施内温度。百合最适生长温度为 15 ~ 25℃，当温度低于 10℃时生长缓慢，易发生黄苞，低于 5℃时停止生长，如果长时间处于 0℃环境下更易发生冻伤。因此冬季和早春栽培，设施内温度应维持在 10℃以上。

（2）露地种植时，根据当地天气条件，选择合适的种植时间，避免低温伤害。在遇到特殊天气时尽可能采取防寒措施。

（3）采后运输处理得当。冬季或早春长距离运输（尤其是由南方往北方运输）过程中也易发生冷害或者冻害。切花采收后用百合专用预处理液处理12 ~ 24 h 后，用保温棉包裹花束后装箱，运输过程中保持温度不低于 0℃，可以一定程度上缓解冷害导致的花苞黄苞或者花苞不开放。

第十节 百合矮小症

一、症状识别

百合矮小症指具有枝条较高特性的品种由于某些原因导致植株比较矮，枝条比较短的现象。表现为植株生长缓慢，茎秆纤细，高度不及同品种同期的高度，枝条比较短。

百合'红妆'矮小症

百合'黑美人'开花植株矮小

二、发生原因

百合生长矮小主要由于栽培前期水分供应不充分，导致出芽慢、茎秆节间短，从而影响植株的高度。在百合营养生长过程中，肥料施用不当也会造成生长矮小，如磷肥使用过度。夏季遮光效果不好，枝条容易老化，节间变短，同样会导致植株矮小。

三、防治方法

（1）百合栽种后要浇透水，且栽植前期保证有较高的土壤湿度。

（2）设施栽培温度过高时及时采取通风、喷雾等方法降温，保证棚内温度低于30℃，湿度在75%左右。

（3）在生长前期施加充足的氮肥，控制磷、钾肥。

第四章
百合常见虫害及其防治

DI-SI ZHANG

BAIHE CHANGJIAN CHONGHAI
JI QI FANGZHI

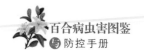

第一节 蚜 虫 类

一、发生种类

蚜虫是百合上主要发生的一类害虫，在我国主要发生的种类有桃蚜（*Myzus persicae*）、棉蚜（*Aphis gossypii*）、茄无网蚜（*Acyrthosiphon solani*）等。2021年在北京的淡黄鸢尾和香根鸢尾上发现一种外来入侵的百合西圆尾蚜（*Dysaphis tulipae*），有在百合上扩散为害的趋势。

二、寄主及危害

百合上主要发生的桃蚜和棉蚜均为多食性害虫。桃蚜又称烟蚜，在世界上危害广泛，在亚、非、欧及北美等地均有发生，在我国主要分布在辽宁、黑龙江、山东、河北、内蒙古、甘肃、新疆、云南、四川、浙江、江苏、台湾、福建、安徽、江西、湖南等地。寄主范围广，寄主种类达352种，可以危害桃、李、杏、梅、百合、郁金香、菊花，以及十字花科蔬菜和杂草。棉蚜又称瓜蚜，寄主多达74科285种，在园艺植物中主要危害瓜类、茄科、豆科、十字花科、百合科、菊科、唇形科、鼠李科、芸香科等，越冬寄主有木槿、花椒、石榴、鼠李、紫花地丁、苦菜等。蚜虫在百合整个生长过程中都会产生危害，常群集于百合嫩叶背面、嫩茎、花蕾和顶芽等嫩绿部位刺吸汁液，初期引起叶片失绿、无光泽、萎蔫及生长发育不良，后期导致叶片失水变黄、向背面卷曲皱缩，花蕾畸形甚至整株萎缩、死亡。另外，桃蚜分泌的蜜露还会诱发煤污病，刺吸过程中传播百合花叶病、百合无症病、百合斑驳病等病毒病。

叶片背面的蚜虫

被蚜虫刺吸后卷曲霉污的叶片

为害生长点的蚜虫

为害花蕾的蚜虫

蚜虫为害导致花蕾枯死

整株发生蚜虫为害

三、形态特征

1. 桃蚜

有翅胎生雌蚜：体长约 2 mm，头、胸部均为黑色，腹部淡绿色，背面有淡黑色的斑纹。复眼赤褐色。额瘤很发达，且向内倾斜。腹管绿色，很长，中后部稍膨大，末端有明显的缢缩。尾片绿色且大，具 3 对侧毛。

桃蚜有翅胎生雌蚜

无翅胎生雌蚜：体长约 2.6 mm，宽 1.1 mm。全体绿色，但有时为黄色至樱红色。额瘤和腹管同有翅蚜。

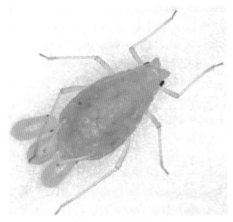

桃蚜无翅胎生雌蚜

2. 棉蚜

有翅胎生雌蚜：体黄色或浅绿色，前胸背板及胸部黑色，腹部背面两侧有3～4节黑斑。触角6节，比体短。翅无色透明，翅痣灰黄色或青黄色，前翅中脉3支。腹管黑色，较短，呈圆筒形，基部略宽，上有瓦砌纹。尾片黑色，两侧各具毛3根。

无翅胎生雌蚜：体色随季节而变化，夏季多为黄绿色，春、秋季多为深绿色。体表常有霉状薄蜡粉。腹管、尾片同有翅胎生蚜。

棉蚜有翅胎生雌蚜　　　　　　棉蚜无翅胎生雌蚜

四、发生规律

桃蚜的生长发育最适温度为17℃左右，在此温度条件下繁殖最快。当气温

超过28℃时，种群数量会迅速下降。相对湿度低于40%或高于80%时均不利于其生长繁殖。在我国华北地区1年发生10余代，长江中下游地区达20余代，华南地区达30余代，主要在桃枝梢、芽腋及缝隙和小枝杈等处产卵越冬，也可以成虫、若虫、卵在蔬菜、油菜、蚕豆的心叶及叶背越冬。翌年早春2—3月，当桃树萌芽时，越冬卵开始孵化，先群集在嫩芽上为害，之后转至花和叶上为害。另有部分成虫可以从越冬寄主上迁移到桃树及观赏植物上为害，同时行孤雌胎生繁殖3～4代，以春末夏初时繁殖为害最盛，5—6月产生有翅蚜，迁飞到夏季寄主上，如十字花科蔬菜、马铃薯、烟草及一些禾本科植物上繁殖为害。到10—11月产生有翅性母蚜迁回桃树上并产生雌雄性蚜，然后交配产卵越冬。

棉蚜在我国自北向南年发生10～30代，无滞育现象，在冬季只要环境条件适合，无论南方或北方均可周年发生。在我国中部及北部地区以卵在花椒、木槿、石榴、木芙蓉、鼠李的枝条和夏枯草、紫花地丁等杂草的基部越冬。翌年春天2—3月，当寄主植物开始萌芽时，或5日平均气温达6℃以上时，越冬卵开始孵化为干母。干母所产生的后代称为干雌，干雌在越冬寄主上生活2～3代，在4月至5月初，干雌产生有翅蚜，从越冬寄主上向侨居寄主上迁飞。在侨居寄主上不断进行孤雌生殖，产生有翅或无翅雌蚜扩散为害。秋末冬初由于气温下降，侨居寄主逐渐枯老，不适合棉蚜生活时便产生有翅性母蚜又迁回越冬寄主，它们在越冬寄主上产生性蚜，即无翅雌蚜和有翅雄蚜，雌雄交配产卵，以卵越冬。

百合从出苗到收获过程中均可受到蚜虫危害，一般由田外的有翅蚜虫迁入后扩散繁殖为害，1年可发生数十代，百合现蕾期和成熟期是为害高峰，长江流域一般5—7月是为害高峰期。部分条件适宜的温室连作百合，可周年发生为害。

五、防治方法

1. 农业防治

选择合适的品种种植，叶片总糖和还原糖含量较低而叶绿素含量较高，呈深绿色的品种抗害能力明显高于其他品种，如亚洲百合杂种系和麝香百合杂种系相对高抗。覆盖遮阳网栽培百合光照明显不足，容易使得叶片柔嫩，生长势弱，有利于蚜虫取食和种群数量增长。露天栽培植株长势强，蚜虫种群数量明显减少，可在现蕾前露天栽培，现蕾后覆盖一层遮阳网。合理灌溉和施肥，在氮量一定的条件下，高钾水平在百合养分积累和分配上起着较大的作用，可影响桃蚜在寄主上的取食及其数量变化。消灭越冬虫源和清除杂草，进行彻底清田。田间发生时可剪除严重受害的叶片、茎秆，并集中焚毁。

2. 物理防治

①银灰色塑料薄膜避蚜。桃蚜、棉蚜对银灰色有负趋性的特点，苗期可用银灰色塑料薄膜遮盖育苗，对预防蚜虫早期传播病毒病效果较好。②黄色粘虫板诱杀。利用桃蚜和棉蚜对黄色有明显趋向性的特点，设置与百合高度持平的黄色粘板诱杀成虫。

3. 生物防治

保护利用蚜虫的天敌。蚜虫不仅有捕食性天敌也有寄生性天敌。保护好七星瓢虫、食蚜蝇、草蛉、蚜茧蜂和蚜小蜂等蚜虫天敌，发挥天敌的自然控制作用。或利用使蚜虫致病的蚜霉菌、球孢白僵菌等微生物防治。

4. 化学防治

由于蚜虫繁殖快，蔓延迅速，所以化学防治必须及时、准确。应定期观察害虫，并适时喷药防治。通常施药时机应选在百合苗期的蚜虫发生初期和现蕾前后发生的危害高峰期。重点喷药部位是生长点和叶片背面。推荐使用除虫菊素、苦参碱和藜芦根茎提取物等生物农药和烯啶虫胺、三氟苯嘧啶等低毒农药，具体使用方法见表4-1。

表4-1　百合蚜虫药剂防治方法

药剂名称	剂量	剂型	施用方法
80% 烯啶虫胺·吡蚜酮	2000 ~ 2500 倍液	水分散粒剂	兑水全株均匀喷雾，施药量以叶片正反面均匀着药，稍有药滴落下为止；可进行多种农药复配施用以免产生抗药性
22% 氟啶虫胺腈	3000 ~ 5000 倍液	悬浮剂	
0.5% 藜芦根茎提取物	500 ~ 600 倍液	可溶液剂	
10% 氟啶虫酰胺·联苯菊酯	4000 ~ 6000 倍液	悬浮剂	
50 g/L 双丙环虫酯	4000 ~ 6000 倍液	可分散液剂	
22% 螺虫乙酯·噻虫啉	3000 ~ 5000 倍液	悬浮剂	

第二节 蓟马类

一、发生种类

蓟马是百合上主要发生的一类锉吸式口器害虫，属于缨翅目。在我国主要发生的种类有蓟马科的花蓟马（*Frankliniella intonsa*）、西花蓟马（*Frankliniella occidentalis*）、黄胸蓟马（*Thrips hawaiiensis*）、黄蓟马（*Thrips flavus*）和烟蓟马（*Thrips tabaci*）等。据云南梁贵红等 2007 年报道，斗南花卉生产和交易基地百合上的蓟马优势种为西花蓟马、花蓟马和烟蓟马。

二、寄主及危害

百合上主要发生的西花蓟马和花蓟马均为多食性害虫。西花蓟马原产于北美洲，分布遍及美洲、欧洲、亚洲、非洲、大洋洲等世界各大洲 50 多个国家，已成为世界性重大农业害虫。自我国 2003 年首次报道在北京郊区的温室内发现西花蓟马以来，云南、河北、浙江、山东、吉林、江苏、贵州、新疆等国内多个地区相继有西花蓟马发生危害的报道。西花蓟马寄主植物广泛，目前已知有 50 科的 500 多种植物，尤其喜好温室花卉植物，在切花月季、康乃馨、百合等花卉上为害严重。花蓟马又称台湾花蓟马，在世界大部分地区及我国多数省份均有分布。花蓟马为杂食性害虫，寄主范围十分广泛，能危害蔷薇科、百合科、茄科、葫芦科、菊科等 48 科 161 种寄主植物，对多种农作物、蔬菜和花卉均可造成严重危害。蓟马类主要危害百合花器，其次是幼芽和嫩叶。蓟马在花器上活动时，锉吸花瓣汁液，使花瓣出现白色或褐色伤斑，严重时导致畸形萎焉等；在幼蕾上为害，导致幼蕾出现褐色斑点，开放后影响花朵形状；为害叶片后，受害叶组织出现不规则长条形白色斑块或条纹，嫩叶多卷褶，严重时枯斑连片，受害叶扭曲干枯。

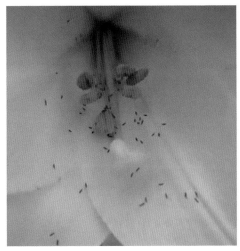

群集在百合花朵内为害的蓟马　　　　　　花朵受害症状

花蕾受害症状

三、形态特征

1.花蓟马

成虫：长翅，身体棕色，复眼较长，单眼间鬃非常发达，位于前后单眼内缘连线之间。单眼鬃 1 对，复眼后鬃 5 对。触角 8 节，前翅颜色较淡，翅脉鬃颜色较深，前脉鬃 18 ～ 21 根，后脉鬃 10 ～ 15 根。

若虫：体黄色，复眼红色，触角 7 节，第 3 节有覆瓦状环纹，第 4 节有环状排列的微鬃，胸、腹部背面体鬃尖端微圆钝。

卵：肾形，长 0.2 mm，宽 0.1 mm。孵化前显现出 2 个红色眼点。

花蓟马成虫

2. 西花蓟马

成虫：雌性成虫体长 1.3 ～ 1.7 mm，体色呈淡黄色至棕色，头、胸颜色较腹部颜色浅。触角共 8 节，腹部第 8 节部位有梳状毛。雄性成虫体长 1.00 ～ 1.15 mm，与雌性成虫形态相似，颜色较淡。

蛹：前蛹有发育完好的胸足、翅芽及未完全发育的触角，触角直立，行动迟缓；伪蛹触角发育完全，翅芽伸展，胸足伸长。

若虫：分为 2 个龄期，初孵若虫乳白色，后呈淡黄色。2 龄若虫淡黄色或黄色。

卵：肾形，初呈白色，将孵化时呈红色，长约 0.25 mm，常产于寄主植物叶表皮下。

西花蓟马若虫

西花蓟马成虫

四、发生规律

花蓟马成虫活泼，怕阳光，多躲在叶片背面，早晚及阴天全天可在叶面上活动，3 ~ 4 龄不再取食。在 20 ℃恒温条件下完成 1 代需 20 ~ 25 天，世代重叠严重，在南方 1 年发生 11 ~ 14 代，在华北、西北地区 1 年发生 6 ~ 8 代。以成虫在枯枝落叶层、土壤表皮层中越冬。翌年 4 月中、下旬出现第 1 代，首先在蚕豆花中为害和繁殖，以后逐渐迁到花卉上为害，以 5 月中下旬至 6 月上中旬为害严重，6 月下旬后为害减轻，8 月至 9 月下旬也是该蓟马的为害高峰期，10 月中旬成虫数量明显减少。10 月下旬、11 月上旬进入越冬代。该蓟马成虫羽化后 2 ~ 3 天开始交配产卵，全天均可进行。成虫对花有明显的趋向性，多在花内大量发生为害，卵也大部分产于花内，一般是产在花瓣上，有的产于花丝上。每雌虫可产卵 77 ~ 248 粒，产卵历期长达 20 ~ 50 天。

西花蓟马产卵于百合花、叶或嫩茎组织内。若虫为害叶背，成虫则迁移至花中为害。成虫活跃、善飞能跳、怕光，在适宜条件下，成虫的产卵量可达 200 多粒。西花蓟马个体细小，极具隐匿性，田间防治难以有效控制。在北方冬季主要以成虫在温室内越冬，1 年可连续发生 10 ~ 15 代；在南方温度较适宜地区可全年发生为害，无明显越冬现象。雌虫行两性生殖和孤雌生殖两种方式。在 15 ~ 35℃均能发育，从卵到成虫只需 14 天。在寄主植物上，发育迅速，且繁殖能力极强。切花运输及人工携带是西花蓟马远距离传播的主要方式。该虫易随风飘散，易随衣服、运输工具等携带传播。

五、防治方法

1. 农业防治

收获后，彻底消除田间植株残体和杂草，深翻地灭茬晒土，破坏化蛹场所，减少田间虫源；清除田间附近杂草减少虫源；摘除作物上的老黄枯叶，减少虫口基数并增强田间通风透光性。

2. 物理防治

利用西花蓟马对蓝色的趋性，每棚中放置 10 ~ 15 块蓝色粘虫板，悬挂高度为距离植株生长点 10 ~ 15 cm，起到监测和诱杀的作用；亦可在通风口设置

孔径为 0.18 mm 的防虫网，防止西花蓟马随气流进入温室为害。

3. 生物防治

蓟马天敌种类众多，在温室及田间作物上，选择在蓟马种群密度低时，释放其天敌昆虫巴氏新小绥螨、东亚小花蝽、草蛉、猎蝽等进行捕食，进而达到种群控制的效果。也可以选用球孢白僵菌、金龟子绿僵菌和多杀霉素等生物农药进行喷雾防治。

4. 化学防治

蓟马虫体微小，早期为害不容易发现，因此必须加强田间调查，及时喷药防治。喷药时除喷洒植株上部外，还应喷洒植株所处的地面四周，这是因为部分蓟马的若虫有自然落地化蛹的习性，只有实行地面和植株同时喷药，才能达到较好的防治效果。西花蓟马繁殖快，抗药性发展迅速，已对多种杀虫剂产生一定的抗药性，但化学防治仍然是主要的防治措施。我国田间西花蓟马种群普遍对阿维菌素、多杀菌素、乙基多杀菌素、高效氯氰菊酯以及多种新烟碱类杀虫剂产生了中、高水平抗药性，可选用三氟甲吡醚、虫螨腈等化学药剂进行喷雾防治，并注意轮换使用，延缓其抗药性的产生和发展。具体药剂及使用方法见表 4-2。

表 4-2　百合蓟马药剂防治方法

药剂名称	剂量	剂型	施用方法
3% 甲氨基阿维菌素苯甲酸盐	4000 ~ 6000 倍液	微乳液	兑水全株均匀喷雾，施药量以叶片正反面均匀着药，稍有药滴落下为止；适当喷洒地面。可进行多种农药复配或轮用以免产生抗药性
30% 虫螨腈·呋虫胺	1000 ~ 2000 倍液	悬浮剂	
20% 甲维·吡丙醚	1500 ~ 2500 倍液	悬浮剂	
20% 虫螨腈·唑虫酰胺	1000 ~ 1500 倍液	悬浮剂	
22% 螺虫·噻虫啉	3000 ~ 5000 倍液	悬浮剂	
50% 氟啶虫酰胺·噻虫胺	3000 ~ 5000 倍液	水分散粒剂	

第三节 蛴 螬 类

一、发生种类

蛴螬类是我国百合种植产区主要发生的一类地下害虫，属于鞘翅目金龟子总科的幼虫。在我国由于南北差异，不同地区发生的种类也有所差异。如2022年孟秀鹏等报道，甘肃兰州百合上主要发生的蛴螬种类为小云斑鳃金龟（*Polyphylla gracilicornis*）和棕色鳃金龟（*Holotrichia titanis*），而1997年刘晓芬等报道，江西百合产区发生的蛴螬主要为斑喙丽金龟（*Adoretus tenuimaculatus*）。

二、寄主及危害

蛴螬类主要危害百合根系和鳞茎，取食肉质根，断口整齐，导致根系生长零乱和稀疏，危害严重时，根系被全部取食，只剩下鳞茎；被害鳞茎呈现不规则褐色缺口或凹陷，其上有虫粪，而未被危害的百合肉质根系粗、纤维根数量多且纤细、鳞茎完整。

小云斑鳃金龟是兰州百合地下害虫的优势种，发生量大、面宽。除危害百合外，还危害麦类、豆类、油料、马铃薯及多种蔬菜作物的鳞茎和根茎。2020年据毕春辉和李雪在百合主产地调查，百合被害率在 12.5% ~ 67%，虫口密度 5.2 ~ 91 头 /m²，平均 17.8 头 /m²。斑喙丽金龟又名茶色金龟子，在我国多数地区均有分布，主要危害茶树、油茶、玉米、高粱、樱桃、苹果、杏等多种作物和果木，在长江以南部分地区，常与中喙丽金龟混合发生。

蛴螬为害的百合肉质根与正常百合对照

蛴螬为害的百合鳞茎

三、形态特征

1. 小云斑鳃金龟

成虫：体长 25～30 mm、宽 14 mm 左右，体呈赤褐色，翅有云状白斑分布，头大，有粗大斑点及皱纹，密生淡褐色及白色鳞片。触角 10 节，雄虫鳃片长而弯，由 7 节组成。雌虫鳃片短小，共 6 节，前胸背板表面有浅而密的不规则刻点，并散布白色鳞片群，形成 3 条纵线。鞘翅布有云斑状鳞片。前足胫节外缘雄虫具 1 齿、雌虫具 3 齿。臀板三角形，后端雌圆雄长、密布细点及绒毛。腹部腹面密生黄褐色长毛。

蛹：长 32～35 mm、宽 15～16 mm，黄褐色。

幼虫：老熟幼虫体长 48～58 mm，头部前顶毛每侧 4～5 根，后顶毛每侧

1 根，较长，另外 1 ~ 2 根较短。内唇端感区刺 15 ~ 20 根。腹部第 1 ~ 7 节的气门板大小几乎相等，第 8 节气门板明显较小。腹毛区的刺毛列由较短锥状刺毛组成。一般每列 9 ~ 14 根，两列间近于平行，仅前后两端微向中央靠拢，其前端远不达钩毛区的前缘，肛门孔横裂。

卵：初孵化为白色，略呈椭圆形，直径 3.8 ~ 4.9 mm，表面洁白光滑。

2. 斑喙丽金龟

成虫：体长 9.5 ~ 10.5 mm，宽 4.7 ~ 5.3 mm，褐色或棕褐色，腹部色泽较深。体密被乳白色披针形鳞片，光泽较暗淡。触角 10 节，棒状部 3 节，雄虫长，雌虫短。前胸背板侧缘呈角状外突，后角近直角。鞘翅有 3 条纵肋可辨，在第 1、第 2 纵肋上常有 3 ~ 4 处鳞片多聚成列状白斑。臀板短阔三角形。后足胫节后缘有 1 个小齿突。

蛹：长 11.0 ~ 12.0 mm，乳黄色或黄褐色，腹末端有褐色尾刺。

幼虫：体长 16.0 ~ 20.0 mm，乳白色。头部棕褐色。腹部 9 节，第 9 节为 9 ~ 10 节愈合成的臀节。肛腹片后部的钩状刚毛较少，排列均匀，前部中间无裸区。

卵：长椭圆形，长 1.7 ~ 1.9 mm，宽 1.0 ~ 1.7 mm，乳白色。

斑喙丽金龟成虫

蛴螬　　　　　　　　　　　百合田里挖出的蛴螬

四、发生规律

小云斑鳃金龟主要分布在阴湿地区，百合水浇地和重茬地发生严重，田边地埂、靠近林带附近分布较多。在甘肃百合产区，以各龄幼虫越冬，整个幼虫期在土中1400天左右（约47个月），蜕皮2次，3个龄期，其中3龄期2年。每龄幼虫都于深秋变冷后下潜土壤深处越冬，翌年春暖后上升到土壤中耕层继续活动。不同龄幼虫在土中混合重叠发生，多在4月下旬到10月上旬在土层中为害。通常5月开始化蛹，至6月中旬大量出现，多位于距地面15～20 cm处。成虫羽化始期为6月上旬，不取食，属无营养型。雄成虫有极强的趋光性，雌成虫趋光性极差。成虫昼伏夜出，于黄昏开始出土活动，觅偶求配。卵孵化始期为7月中旬，盛期为7月下旬。

斑喙丽金龟成虫在江西婺源1年发生2代，以幼虫在表土中越冬。翌年4月下旬开始化蛹，5月上旬越冬代成虫开始羽化为害。越冬代成虫于6月中下旬盛发，第1代成虫于8月下旬至9月上旬盛发。成虫具有假死性和趋光性。被害叶多呈丝网状，少数咬食成孔洞状。卵产于表土中，幼虫孵化后在表土中咬食须根或根表皮层。幼虫老熟后筑一内壁光滑、椭圆形较坚硬的土室化蛹。

五、防治方法

1. 农业防治

实行深耕多耙、轮作倒茬，有条件的地方实行水旱轮作，中耕除草，不施未经腐熟的有机肥。消灭地边、荒坡、沟渠等处的蛴螬及其栖息繁殖场所。利用地头、沟渠附近的零散空地种植蓖麻。蓖麻中含有蓖麻素可毒杀取食的金龟子成虫。百合收获后灌水 10 天以上可显著减少来年蛴螬的发生及危害。

2. 物理防治

对于趋光性强的金龟子成虫，可以进行灯光诱杀，尤其是利用黑绿单管双光灯的诱杀效果很好。结合收获及犁地，随犁捕杀幼虫。

3. 生物防治

日本金龟子芽孢杆菌—乳状菌、卵孢白僵菌、绿僵菌和一些昆虫病原线虫对蛴螬都有较好的防治效果。常采用菌土、菌肥形式施药，虫口减退率可达 50% ~ 100%，持效性好。

4. 化学防治

土壤处理：结合伏耕、秋耕将 3% 辛硫磷颗粒剂 5000 ~ 8000 g（每亩）、15% 毒死蜱颗粒剂 1000 ~ 1500 g（每亩）、0.5% 氯虫·噻虫胺颗粒剂用少量水稀释拌在 750 kg 过筛细土或油渣、腐熟厩肥里，均匀撒入犁沟，然后打耱。春栽或秋栽百合时，用上述相同药剂和办法，配成毒土，撒入栽种沟内，边施药、边栽种，并及时覆土。

苗期施药：对一、二年生百合，结合中耕、锄草、追肥等田间操作管理，用上述相同的药剂和方法，行间开沟施药。水地百合将 50% 辛硫磷乳油 1000 ~ 1500 倍液、30% 毒死蜱微囊悬浮剂 350 ~ 500 mL（每亩）于生长期灌在近根部，灌药量 2250 ~ 3000 kg/hm^2。百合产区临近所种的粮食及其他作物也一律采用药剂拌种，以压低田间虫口密度。具体药剂及使用方法见表 4-3。

成虫防治：在金龟甲成虫发生季节，于傍晚喷洒菊酯类药剂或阿维·高氯、噻虫·高氯等复配药剂喷雾防治于百合及百合田附近受害严重的寄主植物上。

表 4-3　百合蛴螬类药剂防治方法

药剂名称	剂量	剂型	施用方法
3% 辛硫磷	每亩 5000 ~ 8000 g	颗粒剂	撒施、沟施、穴施
15% 毒死蜱	每亩 1000 ~ 1500 g	颗粒剂	
0.5% 氯虫·噻虫胺	每亩 8000 ~ 10000 g	颗粒剂	
50% 辛硫磷	1000 ~ 1500 倍液	乳油	灌根
30% 毒死蜱	4000 ~ 6000 倍液	微囊悬浮剂	

第四节 金针虫类

一、发生种类

金针虫是鞘翅目叩甲科昆虫幼虫的统称，多为植食性地下害虫，是危害百合等园艺植物及其他作物地下部分的重要类群。沟金针虫（*Pleonomus canaliculatus*）和细胸金针虫（*Agriotes subrittatus*）在我国分布最广，危害较重。

二、寄主及危害

沟金针虫是亚洲大陆的特有种类，分布于蒙古国及我国的东北、华北、西北、华东等地，近年来已上升为我国北方旱作区的重要地下害虫。其食性杂，主要以幼虫危害各种蔬菜、花卉及多种农作物和林木的地下部分。细胸金针虫分布于俄罗斯、日本及我国的东北、华北、西北、华东等地，是农业生产水平较高、灌溉面积较大地区地下害虫的优势种，危害日趋严重。两种金针虫主要以幼虫在土层中咬食百合鳞茎、幼芽等，造成百合鳞茎受损，受害严重田块缺苗断垄。

金针虫取食百合鳞茎

三、形态特征

1. 沟金针虫

成虫：紫褐色，密生金黄色细毛，雌雄异型。雄成虫体长 14 ~ 18 mm，宽 3.5 ~ 4 mm，雌成虫体长 16 ~ 17 mm，宽 4 ~ 5 mm。前胸背板宽大于长，呈半球形隆起，可见腹板 6 节。

卵：椭球形，长径 0.7 mm，短径 0.6 mm，乳白色至黄色。

幼虫：末龄幼虫体长 20 ~ 30 mm，金黄色，体宽而略扁平；胸腹部背中央有 1 条细纵沟，腹末节骨化强，黄褐色，背面凹入，密布刻点，侧缘隆起，每侧有 3 个齿状突起，末端分两叉，向上弯曲，叉内侧各有 1 个小齿。

蛹：纺锤形，淡绿色至深绿色，雌蛹长 16 ~ 22 mm，雄蛹长 15 ~ 19 mm。

沟金针虫成虫

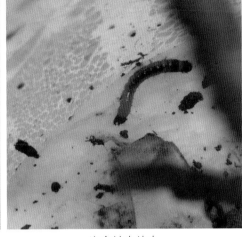
沟金针虫幼虫

2. 细胸金针虫

成虫：茶褐色，密被黄白色细毛，有金属光泽；体长 8 ~ 10 mm，宽 2.5 ~ 3.2 mm；前胸背板长大于宽，不呈半球形隆起，可见腹板 5 节。

卵：近球形，长径 0.53 mm，短径 0.5 mm，乳白色，半透明。

幼虫：末龄幼虫体长 20 ~ 25 mm，淡黄色，圆筒形；腹末节无明显骨化，末端呈圆锥形，不分叉，背面近基部两侧各有 1 个褐色圆斑。

蛹：近纺锤形，乳白色至黄色，长 8 ~ 10 mm。

四、发生规律

两种金针虫均以成虫或幼虫在地下越冬，春秋季是幼虫为害百合的严重期，在土层中咬食鳞茎、嫩芽等。沟金针虫一般需 3 年多完成 1 代，越冬深度因地区和虫态而异，多数在 15 ~ 40 cm，最深可达 100 cm 左右。在华北地区，越冬成虫通常在 3 月初开始活动，4 月上旬为成虫出土活动盛期，产卵期从 3 月

下旬到 6 月上旬,卵期约 35 天。5 月上中旬为卵孵化盛期,幼虫期长达 1150 天左右,直至第 3 年 8—9 月。幼虫老熟后在 15 ～ 20 cm 深的土中化蛹,蛹期 12 ～ 20 天,9 月初开始羽化为成虫。成虫当年不出土,第 4 年春才出土交配、产卵,成虫寿命约 223 天。细胸金针虫 2 ～ 3 年 1 代,发生特点同沟金针虫。

五、防治方法

1. 农业防治

结合百合收获与播种,春、秋翻地与整地可压低越冬虫源;加强中耕除草可机械杀死部分蛹和初羽化成虫;搞好田间清洁和增施腐熟的有机肥料可减轻危害,及时浇灌和合理轮作倒茬也可以有较好的效果。

2. 药剂防治

具体防治方法可参照蛴螬的防治。百合在苗期容易受到金针虫危害,发生严重地块可在播种前使用毒死蜱微囊悬浮剂等药剂浸泡种球,以防治苗期地下害虫危害。相关药剂具体使用方法见表 4-4。

表 4-4　百合金针虫类药剂防治方法

药剂名称	剂量	剂型	施用方法
20% 毒死蜱	800 ～ 1250 倍液	微囊悬浮剂	浸泡种球
3% 辛硫磷	每亩 5000 ～ 8000 g	颗粒剂	撒施、沟施、穴施
15% 毒死蜱	每亩 1000 ～ 1500 g	颗粒剂	
0.5% 氯虫·噻虫胺	每亩 8000 ～ 10000 g	颗粒剂	
50% 辛硫磷	1000 ～ 1500 倍液	乳油	灌根
30% 毒死蜱	4000 ～ 6000 倍液	微囊悬浮剂	

第五节　蝼　蛄　类

一、发生种类

蝼蛄属直翅目蝼蛄科，俗称拉拉蛄、地拉蛄、土狗子，是最活跃的地下害虫，食性杂，成虫、若虫均在土中咬食刚播下的种子和幼芽，或将幼苗咬断，使幼苗枯死。谷苗、麦苗最怕蝼蛄窜，一窜就是一大片，损失非常严重。我国记载的蝼蛄中，以东方蝼蛄（*Gryllotalpa orientalis*）和华北蝼蛄（*Gryllotalpa unispina*）发生最为严重，百合上发生的主要也为以上两种。

二、寄主及危害

东方蝼蛄和华北蝼蛄均为杂食性地下害虫，能危害多种作物，包括各种蔬菜、果树、林木、花卉的种子和幼苗。在百合上，蝼蛄成虫和若虫在土中活动，咬食近地表的茎生根，小鳞茎和嫩芽被咬食后成乱麻状断头。同时，蝼蛄在为害时挖掘隧道，使百合的根与土壤分离，失水早衰，干枯死亡。

三、形态特征

1. 东方蝼蛄

成虫：体长 30 ~ 35 mm，体色较深呈灰褐色，腹部颜色较其他部位浅，全身密布同样的细毛。前胸背板从背面看呈卵圆形，中央具 1 个凹陷明显的暗红色长心脏形坑斑。前足特化为开掘足，后足胫节背面内侧有刺 3 ~ 4 个。腹部末端近纺锤形。

卵：椭圆形，初产时为乳白色，有光泽，以后变为灰黄色或黄褐色，孵化前呈暗褐色或暗紫色，长 3 ~ 4 mm，宽 1.8 ~ 2 mm。

若虫：初孵化时全身乳白色，腹部漆红色或棕色，2 ~ 3 龄以后若虫体色接近成虫，末龄若虫体长 24 ~ 28 mm。

2. 华北蝼蛄

成虫：华北蝼蛄体长 36 ~ 55 mm，黄褐色，近圆筒形。头暗褐色，卵形。

前胸背板盾形，中央具 1 个心形暗红色斑。前翅短小，仅达腹部的 1/2。前足腿节下缘呈 S 形弯曲，后足胫节背侧内缘有刺 1 ~ 2 个或消失。

卵：椭圆形，初产乳白色，有光泽，后变为黄褐色，孵化前呈暗灰色，长 2.4 ~ 2.8 mm，宽 1.5 ~ 1.7 mm。

若虫：初孵若虫白色，体长 2.6 ~ 4 mm，腹部大，以后体色逐渐变深，5 ~ 6 龄后体色与成虫相似。末龄若虫体长 36 ~ 40 mm。

东方蝼蛄成虫　　　　　　　　　　华北蝼蛄成虫

四、发生规律

东方蝼蛄在我国各地均有分布，过去仅在南方发生严重，现在在北方亦成为优势种。华北蝼蛄主要分布于北方盐碱地和沙壤地，如山东、山西、河南、河北、陕西、辽宁和吉林的西部等地。东方蝼蛄在长江以南地区 1 年 1 代，而在山西、陕西、辽宁等地 2 年 1 代。江苏徐州地区越冬成虫于 5 月开始产卵，盛期在 6—7 月，产卵期长达 120 余天。雌虫产卵 3 ~ 4 次，单雌产卵量百余粒，卵历期 15 ~ 28 天。当年孵化的若虫发育至 4 ~ 7 龄后，在土中越冬，至第 2 年再蜕皮 2 ~ 4 次，羽化为成虫。若虫共 9 龄，历期 400 余天。当年羽化的成虫少数可产卵，大部分越冬后，于翌年方产卵，成虫寿命为 8 ~ 12 个月。华北蝼蛄需 3 年左右完成 1 代。在北京、河南、山西、安徽等地以成虫和若虫越冬。越冬成虫于翌春开始活动，6 月开始产卵，6 月中下旬孵化为若虫，到 10—11 月，以 8 ~ 9 龄若虫越冬。越冬若虫第 2 年 4 月上中旬开始活动为害，当年蜕皮 3 ~ 4 次，至秋季以大龄若虫越冬，第 3 年春季越冬后又开始活动，8 月上中旬若虫老熟，蜕最后一次皮羽化为成虫。成虫经过补充营养，进入越冬期，至第 4 年 5—7 月交配，6—8 月产卵继续繁殖。

两种蝼蛄均是昼伏夜出，晚 9—11 时为活动取食高峰。其主要习性有：①群集性。初孵若虫有群集性，怕光、怕风、怕水。②趋光性。蝼蛄昼伏夜出，具有强烈的趋光性。③趋化性。蝼蛄对香甜物质有趋性，特别嗜食煮至半熟的谷子、棉籽及炒香的豆饼、麦麸等。④趋粪性。蝼蛄对马粪、有机肥等未腐烂的有机物有趋性，所以在堆积马粪及有机质丰富的地方蝼蛄就多。⑤喜湿性。蝼蛄喜欢在潮湿的土中生活，所以有"蝼蛄跑湿不跑干"之说。东方蝼蛄比华北蝼蛄更喜湿，所以它总是栖息在沿河两岸，渠道两旁，菜园地内的低洼地、水浇地等处，而盐碱地和湿地则是华北蝼蛄的栖息场所。⑥产卵习性。东方蝼蛄多在沿河、池埂、沟渠附近产卵。华北蝼蛄对产卵地点有严格的选择性，多在轻盐碱地内的缺苗断垄、无植被覆盖的高燥向阳地埂、畦堰附近或路边、渠边和松软油渍状土壤里产卵。

五、防治方法

1. 农业防治

结合百合收获与播种，春、秋翻地与整地可减少越冬虫源；搞好田间清洁和增施腐熟的有机肥料可减轻危害。根据蝼蛄早春可在地表造成虚土堆的特点，查找虫窝。发现虫窝，挖到 45 cm 深即可找到蝼蛄。或夏季在蝼蛄盛发地、蝼蛄产卵盛期，查找卵室。先铲表土，发现洞口，往下挖 10 ~ 18 cm 可找到卵，再往下挖 8 cm 左右可挖到雌虫，将雌虫及卵一并消灭。

2. 物理防治

根据蝼蛄有趋黑光和强光的习性，可使用黑光灯或强光灯诱杀。灯下放置盛有敌百虫或菊酯类农药毒液的水盆，盆体埋入地面以下，盆口与地面齐平，有利于蝼蛄落入水盆中被毒杀，操作时注意人、畜、禽安全。

3. 药剂防治

具体防治方法可参照蛴螬、金针虫的防治方法。根据蝼蛄昼伏夜出活动，并对香甜物质有强烈趋性的特点，可采取傍晚撒施毒饵的方法加以防治。饵料的原料有麦麸、豆饼、米糠、谷子等，取 5 kg 炒香，而后用 50 mL 的 40% 乐果乳油或 90% 晶体敌百虫 30 倍液 50 g 拌匀，在无风闷热的傍晚撒施于近地表百合根际处，覆少许土，每公顷施毒饵 22.5 ~ 37.5 kg。

第六节　小地老虎

一、学名

小地老虎（*Agrotis ypsilon*）属鳞翅目夜蛾科，其幼虫俗称土蚕、地蚕和切根虫等。

二、寄主及危害

地老虎类是多食性害虫，可危害多种蔬菜、花卉和其他作物，如茄科、豆科、十字花科、百合科、葫芦科等，其中小地老虎发生危害最为严重和普遍。小地老虎已记载的寄主植物达 106 种，以幼虫危害多种农作物、蔬菜、花卉及果树等的幼苗，1 ~ 2 龄幼虫取食作物心叶或嫩叶，3 龄以上幼虫咬断作物幼茎、叶柄，严重时造成缺苗断垄，甚至毁种重播。在百合上，幼虫将百合鳞茎、根及嫩苗咬断，使整株死亡，造成缺苗断垄。

三、形态特征

成虫：体长 16 ~ 23 mm，翅展 42 ~ 52 mm。触角雌蛾丝状，雄蛾双栉齿状，栉齿仅达触角之半，端半部则为丝状。前翅黑褐色，在肾形纹外侧有 1 个明显尖端向外的楔形纹，在亚缘线上有 2 个尖端向内的黑褐色楔形纹，3 斑尖端相对。后翅淡灰白色，外缘及翅脉黑色。

卵：馒头形，直径 0.61 mm，高 0.5 mm 左右，表面有纵横相交的隆线。初产时乳白色，孵化前变成灰褐色。

幼虫：老熟幼虫体长 41 ~ 50 mm，宽 7 ~ 8 mm，黄褐色至黑褐色，体表粗糙，密布大小颗粒。腹部 1 ~ 8 节背面各有 4 个毛片，后 2 个比前 2 个大 1 倍以上。腹末臀板黄褐色，有 2 条深褐色纵纹。

小地老虎成虫　　　　　　　　　　小地老虎幼虫

四、发生规律

小地老虎在水地百合产区发生严重，每年发生 1～7 代，发生世代数自南向北呈阶梯式逐渐下降。为迁飞性害虫，在我国的越冬北界为 1 月 0 ℃等温线或北纬 33°一线。在南岭以南 1 月高于 10 ℃等温线的地区，可终年繁殖，此处为国内的虫源地；南岭以北 1 月 0 ℃等温线以南的地区，可以少量幼虫和蛹越冬。在全国各地均以第 1 代为害严重。在甘肃百合产区，成虫初见期为 3 月上旬，第 1 代为 4 月初至 7 月中旬，第 2 代为 6 月中旬至 9 月上旬，第 3 代为 8 月上旬至 10 月中下旬。成虫昼伏夜出，随着气温回升，活动范围与数量增大。卵主要产在百合地边杂草和临近作物叶背面，卵散产或成堆产，每头雌虫平均产卵 800 粒以上。成虫具强烈的趋化性，喜食糖蜜等带有酸甜味的汁液作为补充营养，对普通灯光趋性不强，但对黑光灯趋性强。幼虫共 6 龄，3 龄前幼虫多聚集于地下鳞茎或幼嫩茎叶部分为害。老熟幼虫有假死性，喜温暖、潮湿条件，故低洼地、水浇地百合和春季菜田、临近杂草等处会形成较大虫源。

五、防治方法

1. 农业防治

早春铲除地头、地边、田埂路旁的杂草，并带到田外及时处理或沤肥，能消灭一部分卵或幼虫。春耕多耙，消灭土面上的卵粒；秋季施行土壤翻犁晒白，土壤暴晒 2～3 天，可杀死大量幼虫和蛹。

2. 诱杀成虫或幼虫

成虫可利用糖醋液诱杀器（盆）或黑光灯诱杀。糖、酒、醋诱杀液配方是糖：酒：醋：水 = 6：1：3：10，加少量 90% 晶体敌百虫或 50% 二嗪磷 1 份调匀；或用甘薯、胡萝卜、烂水果等发酵液，在成虫发生期进行诱杀。

利用泡桐树叶能诱集地老虎的特性，将比较老的泡桐树叶用水浸湿，每公顷均匀放置 1000 ~ 1200 片叶，次日清晨人工捉拿幼虫；或将泡桐树叶先放入 90% 晶体敌百虫 150 倍液中浸透，再放到田间，可将地老虎幼虫直接杀死，药效可持续 7 天左右。

3. 捕杀幼虫

可在每天早晨到田间，扒开新被害植株的周围或畦边田埂阳坡表面，捕捉高龄幼虫，并将幼虫杀死。

4. 药剂防治（可兼治其他地下害虫）

撒施毒土：以条施或围施的方法保苗。可选用 50% 辛硫磷乳油、25% 辛硫磷微胶囊缓释剂 1.5 kg，加水 5 kg，细土 300 kg 拌匀后，顺垄撒施于幼苗根标附近。也可在种植前用 10% 二嗪农颗粒剂 30 ~ 45 kg/hm^2 或 5% 辛硫磷颗粒剂 15 ~ 22.5 kg/hm^2，细土 225 ~ 450 kg 混匀施于移栽穴内。

撒施毒饵或毒草：一般虫龄较大时可采用毒饵诱杀。每亩可用 0.05 kg 酒、0.05 kg 醋、0.15 kg 白糖、0.2 kg 农药（辛硫磷、氯氰菊酯或氰戊辛硫磷），配制成混剂，喷洒至 10 kg 鲜草加 1 kg 麸皮或 0.75 kg 酒糟上，均匀搅拌，堆闷 1 h 左右，于傍晚均匀撒入地内。

第七节　葱地种蝇

一、学名

葱地种蝇（*Delia antigua*）属双翅目花蝇科，其幼虫称为地蛆或根蛆，危害在土中发芽的植物种子或根茎部。

二、寄主及危害

葱地种蝇，国内北起黑龙江、内蒙古、新疆，南至河南、江西等地均有分布。为寡食性害虫，主要危害韭菜、大蒜、百合、洋葱等百合科植物，通常以幼虫聚集在百合地下部的鳞茎和柔嫩的茎部为害。春、秋两季该虫主要为害幼茎引起腐烂，使叶枯黄而死。夏季幼虫向下活动蛀入鳞茎，地上部分表现出植株矮化，叶片失绿，茎秆变软呈倒伏状，严重者鳞茎腐烂致整株死亡。

三、形态特征

成虫：成虫体长约 6 mm。雌虫灰黄色，两复眼间距较宽，约为头宽的 1/3。胸腹部背面无斑纹。中足胫节外方生有 2 根刚毛；雄虫略小，暗褐色，两复眼非常接近，复眼间最狭部分比中单眼的宽度小，但两复眼仍可看出是明显分离的。胸部背面有 3 条黑色纵纹，腹部背中央有 1 条黑色纵纹，各腹节间有 1 条黑色横纹。后足胫节内下方中部生有 1 列稀疏等长的刚毛。雌、雄前翅基背毛短，其长度不及背中毛长的 1/2。

幼虫：老熟时体长约 7 mm，乳白色。头部极小，腹部末端有 7 对不分叉的肉质突起，第 1 对突起略高于第 2 对突起，第 7 对很小。

葱地种蝇幼虫

四、发生规律

在甘肃1年发生2代、山东1年发生3代，以蛹在韭菜、葱等寄主植物根际周围5~10 cm深的土中越冬。喜干燥，在高燥较干旱的地区危害严重。每年2月底羽化的成虫先在百合根部产卵，3月下旬卵孵化后幼虫钻入百合的嫩茎内取食，使幼苗萎蔫、腐烂或枯死。第2~3代为害百合幼嫩鳞茎最严重。成虫在晴天中午前后最活跃，对未腐熟的粪肥和有机质及发酵的饼肥有很强的趋性。

五、防治方法

1. 农业防治

不施用未经腐熟的粪肥和饼肥；施肥时做到均匀、深施，种肥隔离。也可在施肥后立即覆土或在粪肥中拌入一定量具有触杀和熏蒸作用的药剂。作物生长期内不要追施稀粪。选用无虫百合鳞茎，播种时剥去表面坏死鳞茎，以减轻危害。在地蛆发生地块，必要时大水浸灌，抑制地蛆活动或淹死部分幼虫。发生严重地块可与非寄主作物轮作。

2. 物理防治

成虫发生期用糖:醋:水为1:1:2.5的糖醋液加少量晶体敌百虫诱杀成虫。百合种植期内，生产田覆盖防虫网可显著减少成虫产卵于地表，降低地蛆发生量。

3. 药剂防治（可兼治其他地下害虫）

土壤处理：在百合定植前，受害严重地块可用90%敌百虫晶体2.25 kg，或50%辛硫磷乳油3 L拌细土750 kg配成毒土，也可使用1%联苯·噻虫胺颗粒剂沟施。

喷雾防治：在百合生长期内，当幼虫刚开始发生为害，田间发现个别虫害株时，可用1.8%阿维菌素乳油、21%增效氰·马乳油、4.5%高效氯氟氰菊酯乳油、2.5%溴氰菊酯乳油、5%氟铃脲乳油在植株周围地面和根际附近喷洒，每隔7~10天1次，连续2~3次。

浇灌或灌根：当发现幼虫为害时，可用80%敌敌畏乳油、90%敌百虫晶体、50% 辛硫磷乳油、25% 增效喹硫磷乳油浇灌或 20% 虫螨腈·灭蝇胺悬浮剂灌根。

具体药剂及使用方法见表 4-5。

表 4-5　百合葱地种蝇药剂防治方法

药剂名称	剂量	剂型	施用方法
90% 敌百虫	每亩 2.25 kg	晶体	拌细土 750 kg 配成毒土沟施
50% 辛硫磷	每亩 3 L	乳油	
1% 联苯·噻虫胺	每亩 3 ~ 4 kg	颗粒剂	沟施
1.8% 阿维菌素	3000 倍液	乳油	在植株周围地面和根际附近喷洒，每隔 7 ~ 10 天 1 次，连续 2 ~ 3 次
4.5% 高效氯氟氰菊酯	3000 倍液	乳油	
5% 氟铃脲	2000 倍液	乳油	
90% 敌百虫	1000 倍液	晶体	灌根
25% 增效喹硫磷	1000 倍液	乳油	
20% 虫螨腈·灭蝇胺	每亩 100 ~ 150 g	悬浮剂	

第八节　韭菜迟眼蕈蚊

一、学名

韭菜迟眼蕈蚊（*Bradysia odoriphaga*），属双翅目眼蕈蚊科，又称韭蛆、黄脚蕈蚊。

二、寄主及危害

韭菜迟眼蕈蚊在全国各地都有发生，主要分布在东北、华北、华中、西北等地及四川、浙江、江苏、上海、台湾等省（区），是百合近年来出现的新虫害，为严重危害百合鳞茎的地下害虫之一。主要寄主为百合科作物，在百合等球根花卉，韭菜、葱、蒜等蔬菜和部分中草药上为害严重。以幼虫聚集在地下部的鳞茎和柔嫩的茎部为害。幼虫多聚集在地下鳞茎基生根内为害，初孵化的幼虫为害百合基生叶片基部，逐次往地下移动至基生根，而后蛀入基生根内，待为害到鳞茎盘、鳞片、主茎内部及基生根时全株枯死。

三、形态特征

成虫：体长 2.4 ~ 4 mm，翅展 4.2 ~ 5.5 mm。体黑褐色。头部小，复眼很大，被微毛，在头顶由眼桥使 1 对复眼左右相遇，单眼 3 个。胸部隆起向前突出，足细长、褐色、胫节末端有 2 个距。前翅淡烟色，脉褐色，后翅退化为平衡棒。腹部细长，雄虫外生殖器较大且突出末端有 1 对抱握器；雌虫尾端尖细，末端有分 2 节的尾须。

卵：椭圆形，乳白色，长 0.24 mm，宽 0.17 mm，孵化前变为白色透明状。

幼虫：老熟时体长 6 ~ 7 mm，头漆黑色，体白色，无足。

蛹：裸蛹，头铜黄色，有光泽。体

迟眼蕈蚊成虫

初为黄白色，后变为黄褐色，羽化前呈灰黑色，尾端铜黄色，无光泽。

四、发生规律

在黄淮流域1年发生6～7代，以幼虫在被害植物鳞茎内或根部周围3～4 cm深的土中越冬，在保护地内无越冬现象，可终年繁殖为害。在天津3月下旬开始化蛹，持续至5月中旬。4月下旬至5月下旬出现第1代幼虫，6月上旬出现第2代幼虫，7月上旬出现第3代幼虫，9—10月发生第4代幼虫，次年4月成虫羽化。每年4—6月和9—10月两个阶段危害严重。

成虫善飞翔，畏强光，常聚集成群。成虫不取食，羽化后很快分散至地表交尾产卵，产卵趋向隐蔽场所，多产于土缝、植株基部和土块下，平均每雌产卵量100粒左右。初孵幼虫大多向下向内移动，以近地面的烂叶、伤口及寄主含水分高的部位先受害。该虫属半腐生性害虫，即使寄主叶片腐烂成泥状，仍能取食和正常生长发育。幼虫可集中取食寄主某一部位，随伤口的腐烂由浅入深。昼夜均可取食，有群集性和转株危害习性，怕光，终生栖息在寄主地下部为害。老熟幼虫多离开寄主到浅土层内做薄茧化蛹。该虫喜阴湿怕干，地面作物覆盖度大，又处于郁闭状态的田块虫量大，危害重，反之则轻。此外，施用未经腐熟的有机肥，特别是饼肥之类易招致该虫为害。

五、防治方法

1. 农业防治

加强水肥管理：露地种植的可进行冬春灌水，保持土壤表层含水量处于24%以上，不利于幼虫的滋生。保护地温室栽培百合也可以采用这一方法控制其幼虫的发生。夏季养根期间注意控水控肥、降低湿度；施用腐熟的有机肥或采用测土配方施肥。

注意倒茬轮作和清洁田园：前茬不宜种植百合科作物，可水旱轮作，或与非百合科作物轮作。及时清理田间及四周堆放的残株和未腐熟的有机肥。自产的鳞茎及时进行检测，一旦发现鳞茎基生根或鳞茎基盘受害，轻微的消毒处理、严重的深埋或销毁，可减少田间虫源。

2. 物理防治

灯光诱杀：在种植地设置紫外光杀虫灯诱杀成虫，每 1 ~ 2 亩设 1 盏，可消灭大部分成虫。

3. 药剂防治（可兼治其他地下害虫）

在幼虫为害盛期，可选用 50% 辛硫磷乳油 1000 倍液、80% 敌百虫可湿性粉剂 1000 倍液、5% 锐劲特胶悬浮剂 2500 倍液、50% 辛硫磷乳油 1500 倍液、48% 乐斯本乳油 2000 倍液或 48% 毒死蜱乳油 2000 倍液灌根，隔 10 天再灌 1 次。

在成虫羽化盛期可喷洒 50% 辛硫磷乳油 800 倍液、50% 氯氰菊酯乳油 3000 倍液、2.5% 溴氰菊酯乳油 2500 倍液，上午 9—10 时施药效果最好。

具体药剂和使用方法见表 4-6。

表 4-6　韭菜迟眼蕈蚊药剂防治方法

时期	药品名	剂型	剂量	使用方法
幼虫期	50% 辛硫磷	乳油	1000 倍液	隔 10 天灌根 1 次
	80% 敌百虫	可湿性粉剂	1000 倍液	
	5% 锐劲特	胶悬浮剂	2500 倍液	
	50% 辛硫磷	乳油	1500 倍液	
	48% 乐斯本	乳油	2000 倍液	
	48% 毒死蜱	乳油	2000 倍液	
成虫期	50% 辛硫磷	乳油	800 倍液	上午 9—10 时施药
	50% 氯氰菊酯	乳油	3000 倍液	
	2.5% 溴氰菊酯	乳油	2500 倍液	

第九节　刺足根螨

一、学名

刺足根螨（*Rhizoglyphus echinopus*）属蜱螨目粉螨科，又称球根粉螨。

二、寄主及危害

刺足根螨是我国花卉和蔬菜栽培地区近年来危害较为严重的害螨，其寄主植物已知 14 科 28 种，如洋葱、百合、甜菜、葡萄、石蒜、风信子、郁金香、水仙，以及中药的象贝、半夏等，还有一些禾谷类等。刺足根螨主要以若螨和成螨在百合种球鳞片内部取食为害，喜欢隐蔽的场所，尤以基部为害最重。种球受害后细胞组织坏死形成大小不一的褐色斑块，害螨蛀入组织内部形成外小内大的孔，严重时鳞片表面只剩表皮，用昆虫针戳开露出孔洞，鳞片逐渐腐烂溢流汁液。田间百合受害后，初期主要表现为植株生长缓慢，基部叶片发黄、落叶；后期表现为植株矮小，花蕾小而少，常伴有落蕾现象，茎秆软，严重的会导致植株不能正常开花。剥开种球观察，初期螨群聚于球根鳞片基部为害，只取食鳞片。如气温较高，该螨繁殖速度加快，螨量突增，在中、后期害螨进入茎秆基部取食为害，最多一株百合球根部螨量达百头，造成茎秆细胞组织坏死、变褐、腐烂，茎基部变软，后期只留茎纤维，植株倒伏。

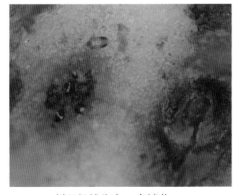

刺足根螨为害百合鳞茎

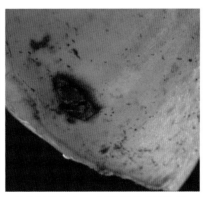

刺足根螨为害百合鳞茎形成的孔洞

刺足根螨为害后腐烂的百合鳞茎

三、形态特征

成螨：梨形，半透明、乳白色发亮，体长 0.7 ~ 0.9 mm，4 对足、棕黄色，足端近褐色，有毛刺。

卵：椭圆形，短径平均 0.182 ± 0.002 mm，长径平均 0.273 ± 0.002 mm，初产卵为乳白色半透明状，后逐渐变为浅黄色，由数粒卵组成卵块。

幼螨：半透明，足 3 对。随着发育的进行，附肢逐渐变为浅褐色。

若螨：体白色，足色浅、4 对，平均体长 0.4 mm。

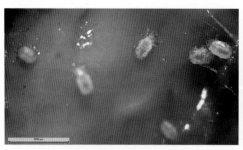

刺足根螨幼螨和若螨

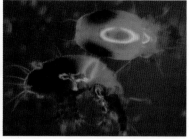

刺足根螨成螨

四、发生规律

刺足根螨喜欢高湿的土壤环境，生存适温为 15 ~ 35 ℃，在 35 ~ 42℃条件下，土壤湿度越大，繁殖越快，种群增长快，危害也越严重。刺足根螨活动性极强，受到惊吓立刻逃离。主要以成螨或若螨在土壤、被害植株以及储藏的鳞茎、鳞片内越冬，越冬深度一般为 3 ~ 7 cm，不超过 9 cm。雌螨每只平均产卵 200 粒，最高约 600 粒。在露地栽培条件下 1 年可发生 9 ~ 10 代，世代历期为 12 ~ 45 天，不同世代的虫态历期存在差异。5—8 月为刺足根螨盛发期，完成 1 个世代只需 13 或 14 天。在云南昆明室内自然条件下，该螨 1 年可以完成 16 个世代，没有明显的越冬现象。世代历期为 12 ~ 45 天，不同世代的虫态历期有差异。6 月发生的第 7 代和 8 月发生的第 12 代，发育历期均最短：12 天；1—2 月发生的第 1 代，发育历期最长：45 天。

五、防治方法

1. 农业防治

实行轮作换茬种植。尽量避免重茬，实行轮作，如百合与水稻的水旱轮作，可使越冬的刺足根螨虫口减少。播前精选百合种球，选择表面光滑、无虫斑、基盘正常、对刺足根螨抗性强的品种进行栽种。剔除带螨种球，以防止刺足根螨的发生蔓延。采后的残体要集中堆放，集中处理。

2. 物理防治

温水处理：将百合种球在 40 ℃的水中浸 2 h，可有效杀灭刺足根螨，且对种球活性及后期生长发育不会产生负面影响。

土壤蒸气消毒：蒸气消毒是迅速有效杀灭土壤害虫及土壤病菌的土壤处理方法，一般采用 80 ~ 90 ℃，消毒 30 ~ 60 min，可有效减少盆栽百合的刺足根螨发生。

3. 药剂防治

土壤药剂消毒：盆栽基质用 98% 溴甲烷压缩气体制剂按每平方米 25 g 的用量使用。将土壤整平，用完好的薄膜将其覆盖，四周压实，将规定用量的溴甲烷放入薄膜内，用脚踩实，使溴甲烷释放于薄膜内。3 天以后揭开薄膜，用水淋溶 2 ~ 3 次。半个月后种植种球。温室百合可选用 40% 二嗪磷乳油 500 倍液，每平方米土壤用药液 1 L 左右，进行土壤喷淋后翻挖整地，之后闷棚 1 周后，开棚整地播种。用 20% 氰戊菊酯乳油与 40% 辛硫磷乳油按 1∶9 混合，每亩 200 ~ 250 mL 拌湿润的细土，翻耕后撒入田内，然后整地种植。

药剂浸种：种植前鳞茎用73% 炔螨特乳油2000倍液，或15% 哒螨灵乳油3000～4000倍液浸种，晾干后栽种或贮藏。或在上述药剂的稀释液中浸泡10～15 min，然后晾干种植，均能收到很好的效果。

田间防治：用3% 氯唑磷颗粒剂每亩2.5 kg根部撒施，或40% 辛硫磷乳油800倍液、40% 乙酰甲胺磷乳油800倍液、1.8% 阿维菌素乳油2000倍液根部浇灌。

具体药剂和使用方法见表4-7。

表4-7　刺足根螨药剂防治方法

药剂名称	剂量	剂型	施用方法
98% 溴甲烷	25 g/m²	压缩气体	封闭熏蒸土壤
40% 二嗪磷	500 倍液，1 L/m²	乳油	土壤喷淋后混入，闷棚一周
20% 氰戊菊酯 +40% 辛硫磷（1∶9）	每亩 200～250 mL	乳油	拌土撒施
73% 炔螨特	2000 倍液	乳油	浸种
15% 哒螨灵	3000～4000 倍液	乳油	浸种
3% 氯唑磷	每亩 2.5 kg	颗粒剂	根部撒施
40% 辛硫磷	800 倍液	乳油	灌根
40% 乙酰甲胺磷	800 倍液	乳油	灌根
1.8% 阿维菌素	2000 倍液	乳油	灌根

第十节　鼠　害

一、症状识别

百合鼠害是指百合鳞茎遭受害鼠的啃食毁坏，在食用百合中尤为严重，主要发生在冬季来临或早春土地化冻前后。百合鳞茎被啃食后，无法正常出苗，造成减产甚至绝收。

二、发生原因

冬季来临或早春土地化冻前后，由于食物源减少，老鼠啃食百合鳞茎现象严重。

三、防治方法

（1）物理器械治理。利用一些简单的方法直接扑杀害鼠，如采用烟熏法或人工捕打法；使用专用器材捕杀害鼠，捕鼠夹类如钢弓夹、铁丝夹、踏板夹，弓箭类如丁字形弓、地弓、石板箭，套具类如丝套、竿套，笼具类如普通捕鼠笼、倒须式捕鼠笼。

（2）化学治理。常采用毒饵灭鼠法，使用灭鼠剂配制成各种不同的毒饵，诱鼠取食，使鼠中毒死亡。也可使用磷化氢类熏蒸剂、氯化苦、氰化氢和溴甲烷等进行熏蒸灭鼠。

第十一节　食叶害虫类

一、发生种类

百合上发生的食叶害虫相对较少，主要发生的有百合双斜卷叶蛾和短额负蝗。百合双斜卷叶蛾［*Clepsis*（*Sicloola*）*semialbana*］别名卷叶虫，是鳞翅目卷蛾科的一种昆虫。短额负蝗（*Atractomorpha sinensis*）属直翅目锥头蝗科，又名尖头蚱蜢。

二、寄主及危害

百合双斜卷叶蛾，主要分布在我国长江流域，及华北、东北等地。寄主除百合，还有月季、蔷薇、忍冬、梅花、石榴等花卉。以初龄幼虫为害为主，主要为害百合初生幼叶，虫龄大后，吐丝缀叶，躲藏其中嚼食叶片，为害严重时叶片仅剩表皮，呈网眼状。

短额负蝗在我国东北至华南地区均有分布，能危害多种蔬菜、果树、花卉、林木及粮食作物。常以成虫和若虫咬食叶片，造成孔洞和缺刻，严重时，常把大部分叶片吃光，仅剩枝干。

百合双斜卷叶蛾为害

三、形态特征

1. 百合双斜卷叶蛾

成虫：体长 8 ~ 10 mm，翅展 15 ~ 19 mm。唇须前伸，第 2 节末端膨大。

雄蛾前翅有狭长的缘褶。头部、翅基片及前翅棕褐色，基斑中带和端纹深褐色。后翅有波纹。

卵：直径 0.8 mm，椭圆形，淡黄绿色。

幼虫：头部深褐色，长 16 ~ 18 mm，体淡绿色。

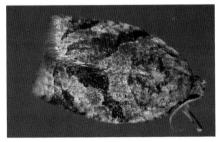 

| 百合双斜卷叶蛾成虫 | 百合双斜卷叶蛾幼虫 |

2. 短额负蝗

成虫：体长 21 ~ 30 mm，体绿色或枯黄色，局部褐色。头呈圆锥形，头顶呈水平状向前突出，复眼至头端的距离为复眼直径的 1.1 倍。前翅绿色，后翅基部红色，端部绿色。

卵：单粒乳白色，弧形。卵块外有黄褐色分泌物封固，卵囊长筒形，无卵囊盖。

若虫：初为淡绿色，布有白色斑点；复眼黄色；前、中足有紫红色斑点，呈鲜明的红绿色。

短额负蝗成虫

四、发生规律

百合双斜卷叶蛾 1 年发生 3 ~ 5 代，以幼虫结茧在土壤中越冬。翌年 5 月上旬出土，幼虫较活跃，受惊后吐丝下垂逃跑。6 月为化蛹期，蛹期约 7 天，

在6月中旬进行羽化,成虫有趋光性,昼伏夜出,8月为为害盛期,10月进入越冬期。

短额负蝗在长江流域每年发生2代,山西大同为1代,以卵在土中越冬。在长江流域5月上旬越冬卵开始孵化,5月中旬至6月上旬为孵化盛期,7月上旬第1代成虫开始产卵,7月中下旬为产卵盛期。第2代若虫自7月下旬开始孵化,8月上中旬为孵化盛期。9月中下旬至10月上旬第2代成虫开始产卵,10月下旬至11月上旬为产卵盛期,以卵入土中越冬。在山西大同越冬卵在6月上旬开始孵化,6月下旬为孵化盛期,8月中旬开始羽化,8月下旬为羽化盛期,9月上中旬为产卵盛期,10月上旬成虫开始死亡。初孵若虫有群集性,2龄后分散为害,交尾时雄虫在雌虫背上随雌虫爬行数天而不散,故而得名"负蝗"。

五、防治方法

1. 农业防治

百合双斜卷叶蛾可以通过冬季翻耕消灭越冬虫源;短额负蝗可以通过精耕细作、铲除杂草以压低虫口。

2. 药剂防治

初龄若虫集中为害时,发现为害可随时捕捉。药剂防治可以在若虫危害期每公顷喷施4.5%高效氯氰菊酯水乳剂300~600 mL、25 g/L溴氰菊酯乳油300~600 mL、10%氯氰菊酯乳油500~700 mL、0.3%苦参碱水剂2.25~3 L等。具体药剂及使用方法见表4-8。

表4-8 百合食叶害虫药剂防治方法

药剂名称	剂量	剂型	施用方法
4.5%高效氯氰菊酯	300~600 mL/hm²	水乳剂	兑水全株均匀喷雾,施药量以叶片正反面均匀着药,稍有药滴落下为止。可进行多种农药复配施用以免产生抗药性
25 g/L溴氰菊酯	300~600 mL/hm²	乳油	
10%氯氰菊酯	500~700 mL/hm²	乳油	
0.3%苦参碱	2.25~3 L/hm²	水剂	